インプレスR&D [NextPublishing]
技術の泉 SERIES
E-Book / Print Book
カメラアプリで体感する
Web App
宮代 理弘 著
Webアプリ開発を
ハンズオン形式で学ぶ!
ストアリリースにも挑戦!
GIJUTSU no IZUMI SERIES
泉
POWERED by NEXTPUBLISHING
impress R&D
An impress Group Company
技術の泉
SERIES

目次

はじめに

Webアプリの可能性

ここ数年で、ブラウザー上でできることは格段に増えました。例えば、Web Paymentsを使えば決済が、Web USBやWeb MIDIを使えばデバイスを操作することもできます。さらに、PWA（Progressive Web Apps）といったWebアプリにより多くの機能を持たせたものが登場しています。

そういったブラウザー機能が発展する始まり、最初の大きな挑戦といえるのはWebRTCでしょう。WebRTCがW3Cのワーキングドラフトに上がったのは、2011年10月[1]のことでした。それから2年の歳月を経た2013年の夏に、Google ChromeとFirefox上でビデオカメラとマイクが使えるようになりました。Safariについては、2017年にWebRTCがようやく導入されました。

長い間、ブラウザーで使える機能の中でも特殊な存在であったカメラ機能ですが、これを使ったWebアプリはさほど普及していないように思われます。昨今のPWAの普及と流行で、豊富な機能を使ったWebアプリを作る土壌が整っているにもかかわらず、作られるのは「ブログサイトをホーム画面に追加する」といった小さなものばかりです。Webアプリの可能性は、ブログサイトをちょっと便利にする程度ではないはずです。**そろそろ本当のWebアプリを作ってみる時期ではないでしょうか。**

本書ではカメラアプリを例に、Webアプリを最初から作っていきます。この本を通じて、Webアプリの可能性を体感してください。

本書で学べること

本書は、カメラアプリをWebアプリとして作るハンズオン形式となっています。手を動かしながら読み終えると、カメラアプリが完成しているということです。

ただ、実際にどのようなカメラアプリが完成するかのイメージがないとモチベーションが上がらないと思いますので、ここでその機能を紹介します。

・写真が撮れます
・写真管理しやすいように日時・GPS情報なども付きます
・写真にフィルターをかけられます
・QRコードを読み込むことができます
・アニメーションGIFが撮影できます
・アプリとして配信できます（Google Play Storeにも配信できます）

機能だけを見ると普通のカメラアプリではありますが、**一番のポイントはこれらすべてがブラウザーで動く**という点です。

実際のアプリは、https://the-camera.netlify.comで体験できます（※カメラ機能のあるスマートフォンなどの端末でアクセスしてください）。

本書では、ブラウザーでカメラアプリを作るに当たって必要な知識を広く浅く学べます。具体的

1.https://www.w3.org/TR/2011/WD-webrtc-20111027/

には、次のような知識を盛り込んでいます。

- 一般的なWebフロントエンド開発環境
- ブラウザーからカメラを使う方法
- EXIFの基本知識
- WebGLを使った画像フィルター
- WebWorkerを使ったスレッド処理
- 新しいAPIによる顔認識・バーコード読み込み
- RustによるWebAssembly開発
- PWAによるキャッシュ処理とアプリ配信
- ES Modulesによるバンドルレスな開発

明日すぐに役立つような知識ではないかもしれませんが、今Webブラウザーで何ができるのかが体感できます。勉強のために読むというよりは、娯楽として楽しんでいただけたら幸いです。

本書の構成

本書は、9つの章とひとつの付録で構成されています。**ハンズオン形式のため、順番に読んでいくことを推奨します。**

- **1章 環境構築をしよう**

  webpackを使った一般的な開発環境を構築します。ビルド環境だけでなく、Prettierなどを使った綺麗なコードを書くための設定も含まれています。

- **2章 シンプルなカメラアプリを作ろう**

  写真を撮るだけの最低限な機能を持ったカメラアプリを作ります。ここでは、ブラウザーからカメラを使う方法を解説します。また、CSS Gridを使った画面設計についても学習します。

- **3章 カメラの設定を変えよう**

  カメラの解像度やズームの倍率を変える方法を説明します。スマートフォンではほぼ当たり前に搭載されている、インカメラとの切り替えも扱います。ここまで進むと、ようやく普通のカメラアプリに近くなります。

- **4章 EXIFでメタデータをつけよう**

  写真の管理にはメタデータが必須です。この章では簡単なEXIFの仕様と、データにEXIF情報を含める方法を紹介します。また、メタデータに含めるためにスマートフォンの傾きや位置情報を取得する方法も解説します。

- **5章 画像フィルターを実装しよう**

  カメラアプリによく見られる、画像フィルターを実装します。JavaScriptで実装する方法も解説しますが、この方法では処理時間が長くなってしまう問題があります。そこで、画像処理に適したWebGLを使ってフィルター処理の高速化を図ります。

- **6章 コンポーネントを整理しよう**

  Webアプリを作っていると、似た機能を持つパーツがいくつか出てきます。この章では、前章までに作ったコンポーネントから機能ごとに切り分ける例を紹介します。

- **7章 QRコードリーダーをつけよう**

  便利なカメラアプリに必要な機能は何でしょうか。例えばQRコードリーダー機能は、使う場面は多くないものの搭載されていると地味に役立ちます。この章では、新しいAPIを活用してQRコードリーダーを実装します。また、読み込んだ文字をWeb Share APIで他のアプリへ送る機能も実装します。

- **8章 アニメーションGIFを作ろう**

  カメラで撮影できるものは、静止画だけではありません。今回は、昔懐かしいアニメーションGIFで動画を保存できるようにします。WebAssemblyを使うことで、高速にアニメーションGIFを作ることができます。

- **9章 PWAとして配信しよう**

  アプリを作ったら、もちろん公開したくなると思います。ここまではブラウザーで開いていましたが、PWAにすることでよりアプリらしく体裁を整えていきます。最終的には、Trusted Web Activityを使ったGoogle Play Storeへの掲載まで行います。

- **付録 ES Modulesでバンドルレスに開発しよう**

  ES Modulesがブラウザーに実装されたため、webpackなしでもほぼ同じコードが動くようになりました。付録では、ES Modulesで動かすためにはどういった処理が必要かを解説します。Template literalsを活用すれば、JavaScript内にJSXやCSSを埋め込むことができます。まだ制約は多いものの、将来的にはバンドル処理から開放されるかもしれません。

対象読者

本書は、簡単なWebアプリを作ったことのあるフロントエンドエンジニアを対象にしています。また、フレームワークとしてReactを採用しているため、JSX記法やReactのライフサイクルについての知識を必要とします。はじめてWebアプリの開発に挑む方は、本書を読む前にReact公式のチュートリアル[2]や、その他の入門書を読んでおくことを推奨します。

本書のサポートする環境

本書では、ECMAScript 2018に準拠したコードを記述しています。ただし、Reactのイベントハンドラを書くときの手間を省くため、策定中の仕様であるClass field declarations proposal[3]を一部採用しています。

本書に書かれているコードは、次の環境での動作確認を行っています。ただし、仕様策定前のAPIなどを利用しているため、今後のアップデートによっては動作しない場合があります。

開発環境

- Node.js v10.15.1

2.https://reactjs.org/tutorial/tutorial.html

3.https://github.com/tc39/proposal-class-fields

- Rust v1.32.0
- Visual Studio Code v1.31.1
- Android Studio v3.3.1

ブラウザー

- Android Chrome v72.0.3626.105
- Android Firefox v65.0.1
- iOS Safari v12.1

コードの記法について

これから表記するコードは、同一ファイルであれば変化のある部分のみを抜粋して掲載しています。例えば、次のようなクラスがあるとします。

src/Test.js

```
class Test {
  constructor() {
    this.number = 10;
  }
}
```

その後に、`Test`クラスへ`alert`メソッドを追加する場合は、次のように表記します。

src/Test.js

```
class Test {
  alert() {
    window.alert(this.number);
  }
}
```

実際のコードは、前述のコードと合わせて次のようになります。

src/Test.js

```
class Test {
  constructor() {
    this.number = 10;
  }

  alert() {
    window.alert(this.number);
  }
```

```
}
```

削除する部分は適宜併記しますが、自分のコードと照らし合わせながら確認しつつ読み進めてください。

コードと正誤表

本書で紹介するコードと正誤表などの情報は、次のリポジトリーで公開しています。

- https://github.com/3846masa/the-camera

ご意見・ご感想

この本に関するご意見・ご質問がありましたら、Twitter: @3846masaまでご連絡ください。また、ご感想等はTwitterのハッシュタグ`#CameraWebApp`をつけて呟いていただけると嬉しく思います。

免責事項

本書に記載された内容は、情報の提供のみを目的としています。したがって、本書を用いた開発、製作、運用は、必ずご自身の責任と判断によって行ってください。これらの情報による開発、製作、運用の結果について、著者はいかなる責任も負いません。

表記関係について

本書に記載されている会社名、製品名などは、一般に各社の登録商標または商標、商品名です。会社名、製品名については、本文中では©、®、™マークなどは表示していません。

底本について

本書籍は、技術系同人誌即売会「技術書典5」で頒布されたものを底本としています。

第1章　環境構築をしよう

1.1　フロントエンド開発とバンドラー

CommonJSの台頭によって、昨今のフロントエンド開発ではコードをモジュール化して読み込ませることが基本となっています。今では、ECMAScriptの仕様としてES Modulesが制定され、ほとんどのモダンブラウザーでモジュールを読み込めるようになりました。

ES Modulesがブラウザーに実装される以前、モジュールの読み込みはNode.jsの`require`がデファクトスタンダードでした。この`require`記法やES Modulesで書かれたコードをブラウザー上で動作させるため、あらかじめ読み込むモジュールをひとつのファイルに結合するツールが普及します。それが**バンドラー**です。

バンドラーには、CSSなどのJavaScript以外のデータもモジュールとして読み込める機能や、生成されたJavaScriptを最適化する機能を備えたものもあり、ただコードを結合するだけ以上の役割を持ちつつあります。前述の通り、モダンブラウザーではバンドラーがなくてもモジュールを読み込めますが、それ以外の機能の恩恵を考えると、やはりバンドラーはフロントエンド開発に必要不可欠といえるでしょう。

有名なバンドラーには、Browserify[1]、Rollup[2]、Parcel[3]などがあります。なかでも拡張性が高く多機能なwebpack[4]は多くのユーザーが開発に使っています。今回は、webpackを利用した環境を構築していきましょう。

1.2　最小限のwebpack設定

Node.jsには、パッケージマネージャーとして`npm`が付属していますが、今回はより高速にパッケージをインストールできる`yarn`[5]を使います。次のコマンドで、`yarn`をインストールしましょう。

```
$ npm install --global yarn
```

つづいて、webpackをインストールします。webpackをCLIから使うには、`webpack-cli`が必要です。`webpack-dev-server`[6]は、開発用サーバーを立てるために使います。後述するHot Module Replacementなど、開発に役立つ機能も多く搭載しています。

一緒にwebpackのプラグインもいくつかインストールします。

---

1. http://browserify.org/
2. https://rollupjs.org/
3. https://parceljs.org/
4. https://webpack.js.org/
5. https://yarnpkg.com/
6. https://github.com/webpack/webpack-dev-server

html-webpack-plugin[7]は、ビルド時にHTMLを生成するwebpackプラグインです。license-webpack-plugin[8]は、バンドルされるモジュールのライセンス表記をテキストファイルとして書き出します。clean-webpack-plugin[9]は、ビルド時に指定したファイルを削除するプラグインで、前回の出力結果を消すときに使います。

```
$ yarn add --dev webpack webpack-cli webpack-dev-server \
html-webpack-plugin license-webpack-plugin clean-webpack-plugin
```

最低限のwebpackの設定をwebpack.config.jsに書きます。entryが読み込みファイル、output.pathが出力先のフォルダーです。pluginsでは、webpackのプラグインを設定します。今回は、src/index.htmlをベースにHTMLを自動生成するようにhtml-webpack-pluginを設定しています。

webpack.config.js

```
const path = require('path');
const HtmlWebpackPlugin = require('html-webpack-plugin');
const { LicenseWebpackPlugin } = require('license-webpack-plugin');
const CleanWebpackPlugin = require('clean-webpack-plugin');

/** @type {import('webpack').Configuration} */
const config = {
  entry: path.resolve(__dirname, './src/index'),
  output: {
    path: path.resolve(__dirname, './dist'),
    filename: '[name].[hash:8].js',
    chunkFilename: '[name].[chunkhash:8].js',
  },
  plugins: [
    new HtmlWebpackPlugin({
      template: path.resolve(__dirname, './src/index.html'),
    }),
    new LicenseWebpackPlugin({
      addBanner: true,
    }),
    new CleanWebpackPlugin(),
  ],
};
```

7.https://github.com/jantimon/html-webpack-plugin
8.https://github.com/xz64/license-webpack-plugin
9.https://github.com/johnagan/clean-webpack-plugin

```
module.exports = config;
```

さいごに、Reactでシンプルな"Hello World"コードを書いてみましょう。reactとreact-domをインストールしてから、src/index.htmlとsrc/index.jsを次のように書きます。html-webpack-pluginによって、ビルドしたスクリプトを読み込むための<script>タグは自動で挿入されるため、src/index.htmlには<script>タグを書かないでおきます。

```
$ yarn add react react-dom
```

src/index.html

```
<!DOCTYPE html>
<html lang="ja">

<head>
  <meta charset="UTF-8">
  <meta name="viewport" content="width=device-width, initial-scale=1.0">
  <title>The Camera</title>
</head>

<body>
  <div id="app"></div>
</body>

</html>
```

src/index.js

```
import React from 'react';
import ReactDOM from 'react-dom';

ReactDOM.render(
  React.createElement('h1', {}, 'Hello World!'),
  document.getElementById('app'),
);
```

ここまでを一度実行してみましょう。npxを使うと、インストールしたパッケージに付属するCLIツールを実行できます。npxからwebpack-dev-serverを起動して、http://localhost:8080にアクセスします。webpack-dev-serverの--modeオプションには、開発モードであるdevelopmentを指定します。図1.1と同じ画面が表示されれば準備完了です。

```
$ npx webpack-dev-server --mode development
```

図 1.1: "Hello World" と表示するだけの画面

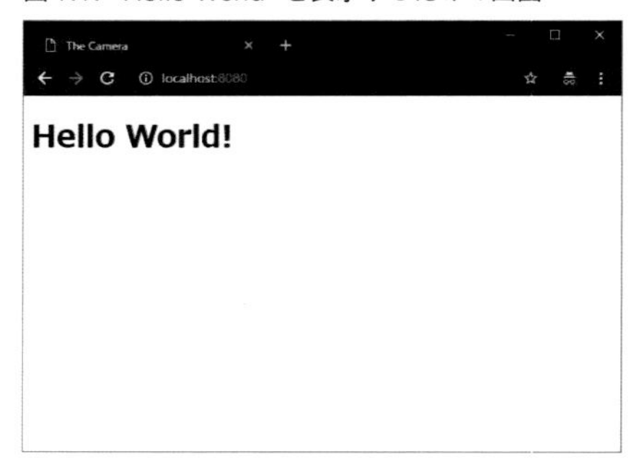

.gitignoreを作る

ここまでの内容を一度Gitで`commit`しておきましょう。しかし、このまま`git add`すると、`node_modules`にある多くのファイルが無駄にトラッキングされてしまいます。`.gitignore`に除外するファイル名を書くことで、トラッキングするファイルを制御できます。しかし、`node_modules`のように広く知られている除外ルールはさておき、エラーログである`yarn-error.log`などをすべて把握するのは大変です。

こんなときには`gitignore.io`[10]を使いましょう。`gitignore.io`は、その名の通り`.gitignore`を作成してくれるサイトです。テンプレートの更新もGitHubで盛んに行われており、例えば他のバンドラーであるParcelの設定などもNode.js用テンプレートに含まれています。

また、APIも公開されているため、`wget`や`curl`から簡単に読み込むことができます。今回はNode.jsとVisual Studio Code、そしてWindowsとmacOSのテンプレートをあわせて使いましょう。ちなみに、ビルドファイルの出力先として指定した`/dist`など、ケースによって異なるものは含まれていません。

```
$ wget -O .gitignore \
    https://www.gitignore.io/api/node,visualstudiocode,windows,macos
$ echo "/dist" >> .gitignore
```

10.https://gitignore.io/

1.3 Babelによるトランスパイル

JSX記法とBabel

ReactにはJSXという記法があり、`React.createElement`をHTMLタグのように記述できます。先程の`src/index.js`をJSXで記述すると次のようになります。

src/index.js

```
import React from 'react';
import ReactDOM from 'react-dom';

ReactDOM.render(
  <h1>Hello World!</h1>,
  document.getElementById('app'),
);
```

JSX記法で書かれたファイルの拡張子として`.jsx`を使うことがあります。拡張子によって何かが変わることはないため、好きな拡張子で書くと良いでしょう。ただし、標準のwebpackでは`.jsx`拡張子を認識してくれません。`.jsx`拡張子を使うために、設定にある`resolve.extensions`へ拡張子を加える必要があります[11]。**本書では設定を簡略化するために、ファイルの拡張子は`.js`のまま変えずに書いていきます。**

JSX記法は、ECMAScriptとして制定されている記法ではないため、**ブラウザーで動かすためには変換する必要があります。**この変換のことを**トランスパイル**と呼びます。今回はトランスパイルツールである**Babel**を使います。

まずは、Babel関連のライブラリーをインストールしましょう。`@babel/core`がBabel本体で、`@babel/preset-react`がJSXをトランスパイルするためのライブラリー群（プリセット）です。`babel-loader`は、webpackのローダーの一種です。ローダーとは、モジュールを読み込むときにトランスパイルするライブラリーを指します。

```
$ yarn add --dev @babel/core @babel/preset-react babel-loader
```

Babelの設定は、`.babelrc`ファイルに書くのが一般的です。他にも`webpack.config.js`に含める方法があります。次のようにしてBabelの設定を書きます。

.babelrc

```
{
  "presets": ["@babel/preset-react"]
}
```

さいごにローダーの設定を`webpack.config.js`の`module.rules`に書きます。`test`には、適用するファイル名に合致する正規表現を書き、`use`には、使用するローダーを与えます。追記した部分だけを抜粋すると、次のようになります。

webpack.config.js

11. 詳しい設定方法は https://webpack.js.org/configuration/resolve/#resolve-extensions を参照してください

```
const config = {
  module: {
    rules: [
      {
        test: /\.m?js/,
        exclude: /node_modules/,
        use: ['babel-loader'],
      },
    ],
  },
};
```

ここまでをもう一度実行してみます。うまく設定できていれば、先程と同じ画面が表示されます。

ECMAScriptとブラウザー実装

ブラウザー上のJavaScriptは、ECMAScriptという仕様に沿って実装されています。しかし、ECMAScriptで制定されていても、ブラウザーではまだ実装されていないことが多々あります。そうした新しい記法も、Babelを使ってトランスパイルすることで多くのブラウザーで動くようにできます。今回は、ECMAScriptの最新仕様と、現在ECMAScriptで提案されているClass field declarationsを使えるように設定してみます。

`core-js`には、足りない実装を補うためのコードであるPolyfillが入っています。`@babel/preset-env`の設定で、`useBuiltIns`を`usage`にしたとき、`core-js`から必要に応じてPolyfillを読み込んでくれます。

webpackではES Modulesで読み込まれるモジュールのうち、使われないモジュールをバンドルしないようにする最適化機能**"Tree Shaking"**が実装されています。"Tree Shaking"を有効にするために、`modules`を`false`に設定して、ES Modulesをトランスパイルしないようにします。

```
$ yarn add core-js
$ yarn add --dev @babel/preset-env \
@babel/plugin-syntax-dynamic-import \
@babel/plugin-proposal-class-properties
```

.babelrc

```
{
  "presets": [
    "@babel/preset-react",
    [
      "@babel/preset-env",
      {
        "modules": false,
```

```
        "useBuiltIns": "usage"
      }
    ]
  ],
  "plugins": [
    "@babel/plugin-syntax-dynamic-import",
    "@babel/plugin-proposal-class-properties"
  ]
}
```

1.4 HMRで変更をすぐ確認しよう

コードに変更を加えたとき、その変更を確認するためにはブラウザーで更新を行う必要があります。しかし開発を続けていくと、変更するたびにブラウザーで更新することが面倒になってきます。そこで、**Hot Module Replacement（HMR）**の仕組みを使って、自動でコードの変更を読み込むようにしてみましょう。

ここではReactのHMRとして有名なライブラリーであるreact-hot-loader[12]を使います。先程のsrc/index.jsから、コンポーネント部分をsrc/App.jsに分けて、HMRが効くようにします。src/App.jsのコンポーネントをreact-hot-loaderの監視下にするため、hot関数でコンポーネントをくるみます。src/index.jsのほうは、exportされた<App>コンポーネントを読み込みます。

```
$ yarn add --dev react-hot-loader
```

src/App.js

```
import React from 'react';
import { hot } from 'react-hot-loader/root';

const App = () => <h1>Hello World!</h1>;

export default hot(App);
```

src/index.js

```
import React from 'react';
import ReactDOM from 'react-dom';

import App from '~/App';
```

12.https://github.com/gaearon/react-hot-loader

```
ReactDOM.render(<App />, document.getElementById('app'));
```

このとき、importでローカルのパスを指定しますが、webpackのalias機能でsrc/以下のファイルを~/から参照できるようにしておきます。そうすることで、あとでフォルダー構造を変えたくなったときに、importのパスを書き換える手間が少なくなります。さいごに.babelrcのpluginsにreact-hot-loaderの設定を追記します。

webpack.config.js

```
const config = {
  resolve: {
    alias: {
      '~': path.resolve(__dirname, './src'),
    },
  },
};
```

.babelrc

```
{
  "plugins": [
    "@babel/plugin-proposal-class-properties",
    "react-hot-loader/babel"
  ]
}
```

設定を終えたら、webpack-dev-serverを再起動します。このとき--hotオプションをつけることで、HMRを有効化できます[13]。起動した後に、ページを開きながらsrc/App.jsのテキストを変更してみましょう。自動で変更が反映されるようになっていれば、HMRが動いています。

```
$ npx webpack-dev-server --hot --mode development
```

VSCodeの補完機能

Visual Studio Code（VSCode）を使っている方は、jsconfig.jsonを作っておくとパス補完やコード補完が効くようになって便利です[14]。今回のように~/などのAliasが張られている環境でも、jsconfig.jsonに書いておくと自動でファイルパスを探してくれます。

最近では、パス補完やコード補完のほかにファイルの移動に伴うパスの書き換えなどもしてくれるため、VSCodeを使っているならば必ず設定しておきましょう。

13.webpack.config.jsで有効にすると設定が煩雑になるため、-hotオプションを使うほうが簡便です

jsconfig.json

```
{
  "compilerOptions": {
    // Detect unused variables
    "noUnusedLocals": true,
    "noUnusedParameters": true,

    // Use dom, esnext types
    "lib": ["dom", "esnext"],

    // Enable JSX
    "jsx": "preserve",

    // Aliases
    "baseUrl": ".",
    "paths": {
      "~/*": ["src/*"]
    }
  },
  "exclude": ["node_modules", "dist"]
}
```

14. 詳しくは https://code.visualstudio.com/docs/languages/jsconfig を参照してください

1.5 CSS Modulesを導入しよう

スタイルシートで頭を悩ませるのが、「クラス名をどうするか」という問題です。これまで、クラス名を衝突しないように考える方法として、BEM[15]やOOCSS[16]などの命名規則が考案されてきました。しかし、命名規則というものは面倒になりがちで、人為的なミスに繋がりやすい問題がありました。

そこで、クラス名を自動で生成して、他との衝突が起きないようにする仕組みが生まれます。Radium[17]やEmotion[18]に代表されるCSS in JSでは、JavaScript内にCSSを記述するため、JavaScript側からクラス名を参照できます。また、styled-components[19]のような独特なライブラリーなども出てきています。

一方で、これらのCSS in JSは、既存のCSSの記述とは多少異なるため、学習コストが高いとい

15. http://getbem.com/
16. http://oocss.org/
17. https://github.com/FormidableLabs/radium
18. https://emotion.sh/
19. https://www.styled-components.com/

う問題があります。また、あくまでもJavaScriptとして記述するため、多くのエディターではシンタックスハイライトが有効にならず、コード補完も効かなくなります[20]。

今回は、既存のCSSをベースにしたCSS Modulesを採用しました。CSS Modulesは`.css`ファイルを使うため、多くのエディターでコード補完やシンタックスハイライトが使えます。また、CSS in JSでは複雑になりやすいアニメーションや疑似セレクターの指定も難なく書けることも魅力です。

webpackでは、CSS用のローダーを使うことでJavaScriptからモジュールとして読み込むことができます。また、CSS用のトランスパイラーであるPostCSS[21]も同時に導入しましょう。

必要なライブラリーをインストールします。

```
$ yarn add --dev style-loader css-loader \
postcss-loader postcss postcss-preset-env
```

PostCSSの設定は、`.postcssrc`に記述します。`postcss-preset-env`[22]は、CSSの仕様のうち、W3CのWorking Draftとして提案されたことがある機能をトランスパイルします。その他のまだ仕様が定まっていない機能も、設定で有効にすることができます。今回は、`nesting-rules`を追加で有効にします。`nesting-rules`は、CSSセレクターを&記号によって階層的に書くことができる機能です。

.postcssrc

```
{
  "plugins": {
    "postcss-preset-env": {
      "features": {
        "nesting-rules": true
      }
    }
  }
}
```

続いて、webpackの設定です。CSSをモジュールとして読み込めるように、`style-loader`と`css-loader`、`postcss-loader`を有効にします。このとき、`css-loader`のオプションを追記します。`importLoaders`は、`css-loader`より先に適応するローダーの数を指定します。今回は、`postcss-loader`のみですから、"1"と設定します。`modules`を有効にすると、CSSをCSS Modulesとして読み込むことができます。このとき、`camelCase`を有効にしておくと、モジュールとして読み込んだときのクラス名をキャメルケースに変換してくれます。例えば、`.shutter-button`というクラス名は`shutterButton`と変換されることになります。

---

20. 拡張できるエディターでは、対応するプラグインを入れることで解決できます

21. https://postcss.org/

22. https://github.com/csstools/postcss-preset-env

webpack.config.js

```
const config = {
  module: {
    rules: [
      {
        test: /\.css$/,
        use: [
          'style-loader',
          {
            loader: 'css-loader',
            options: {
              importLoaders: 1,
              modules: true,
              camelCase: true,
            },
          },
          'postcss-loader',
        ],
      },
    ],
  },
};
```

ここまで設定したら、一度CSSを読み込んでみましょう。まずは、全体に適用するためのsrc/global.cssを記述します。CSS Modulesでは、全体へ適応するセレクターの先頭に:globalをつける必要があります。今回は簡易なReset CSSとして、すべてのセレクターのmarginとpaddingを0にして、box-sizingをborder-boxに設定します。また、背景色を黒、文字色を白に設定します。さいごに、src/index.jsからCSSを読み込みます。

src/global.css

```
:global * {
  box-sizing: border-box;
  padding: 0;
  margin: 0;
}

:global html,
:global body {
  color: white;
  background-color: black;
}
```

src/index.js

```
import '~/global.css';
import App from '~/App';
```

次にsrc/App.jsに適用するスタイルをsrc/App.cssに記述します。CSS Modulesは、CSSで書いたクラス名を変換して、モジュールから変換後のクラス名を取得します。例えば、.baseクラスのクラス名は、styles.baseから読み出すことができます。今回は、文字色を赤色に変えてみましょう。再度ページを読み込んで、図1.2のように黒背景・赤文字になっていれば設定完了です。

src/App.css

```
.base {
  color: red;
}
```

src/App.js

```
import styles from './App.css';

const App = () => <h1 className={styles.base}>Hello World!</h1>;

export default hot(App);
```

図1.2: 黒背景・赤文字の画面

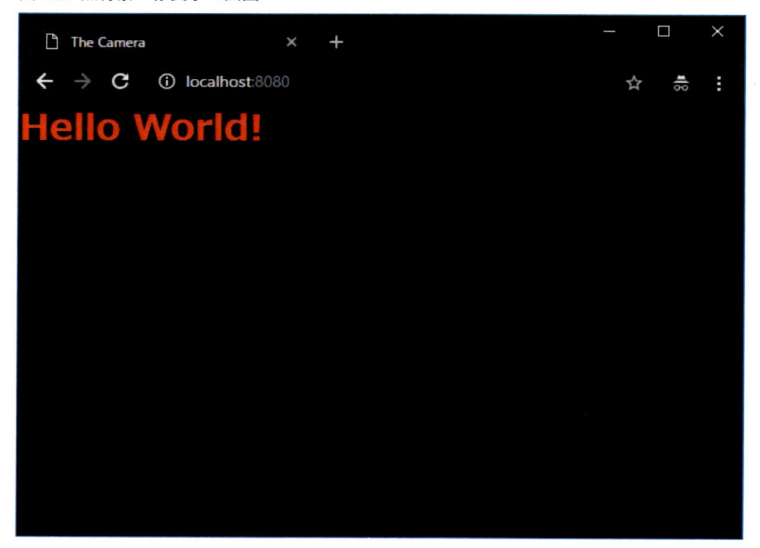

1.6 Browserslistで必要最低限のトランスパイル

PostCSSやBabelなどのトランスパイラーは、ブラウザーエンジンごとで挙動が異なっているコードや、古いブラウザーでは動かないコードを変換してくれます。しかし、必ずしもすべてのブラウザーで動かす必要はありません。**すべてのコードをトランスパイルするとコードが増えてしまい、ページの読み込みに時間がかかります。**ページに訪れたりWebアプリを使うユーザーがどのような環境で動かすかを考えて、トランスパイルする範囲を調整するべきです。

今回導入した`@babel/preset-env`や`postcss-preset-env`を使えば、環境に合わせたトランスパイルの範囲を調整してくれます。このときに、対象となるブラウザーを指定する方法が**Browserslist**[23]です。例えば、Chromeの直近2バージョンを指定するなら、`last 2 Chrome versions`と書くことで指定できます。Browserslistは、`package.json`のプロパティーとして記述すると自動で読み込まれます。今回は、ChromeとFirefox、そしてSafariのデスクトップ版・モバイル版から直近2バージョンを指定します。

package.json

```
{
  "browserslist": [
    "last 2 Chrome versions",
    "last 2 ChromeAndroid versions",
    "last 2 Firefox versions",
    "last 2 FirefoxAndroid versions",
    "last 2 Safari versions",
    "last 2 iOS versions"
  ]
}
```

PrettierとStylelintによるコード整形

複数人でコードを書いていると、インデントの位置や折り返しのタイミングなどのコーディングスタイルが違うことがあります。コーディングスタイルが異なると、コードとしての統一感がなくなり、読みづらいコードになってしまいます。こういった問題を解決するために、コード整形ツールを導入しておくと便利です。

今回の執筆にあたっては、JavaScriptに特化したコード整形ツールであるPrettier[24]を導入しました。また、CSSプロパティー名の整形のためにStylelint[25]の`stylelint-config-recess-order`[26]を導入しました。`stylelint-prettier`[27]は、CSSの整形にPrettierを使うためのプラグインです。これらの導入は必須ではありませんが、コード整形ツールを検討する際の参考にしてください。

```
$ yarn add --dev prettier stylelint stylelint-prettier \
    stylelint-config-recess-order stylelint-config-prettier
```

23. https://github.com/browserslist/browserslist

.prettierrc

```
{
  "arrowParens": "always",
  "printWidth": 80,
  "singleQuote": true,
  "tabWidth": 2,
  "trailingComma": "all"
}
```

.stylelintrc

```
{
  "extends": [
    "stylelint-config-recess-order",
    "stylelint-prettier/recommended"
  ],
  "rules": {
    "indentation": 2,
    "string-quotes": "single"
  }
}
```

整形ツールを実行するタイミングは、エディターのプラグインが対応していれば保存時に整形するのが良いでしょう。エディターのプラグインがない場合は、husky[28]とlint-staged[29]を組み合わせて、Gitにコミットする前に整形するようにしておくと便利です。ツールをインストールして、package.jsonに次のように設定を書くと有効になります。

```
$ yarn add --dev husky lint-staged
```

package.json

```
{
  "husky": {
    "hooks": {
      "pre-commit": "lint-staged"
    }
  },
  "lint-staged": {
    "*.js": [
      "prettier --write",
      "git add"
    ],
    "*.css": [
      "stylelint --fix",
      "git add"
    ]
  }
}
```

24.https://prettier.io/
25.https://github.com/stylelint/stylelint
26.https://github.com/stormwarning/stylelint-config-recess-order
27.https://github.com/prettier/stylelint-prettier
28.https://github.com/typicode/husky
29.https://github.com/okonet/lint-staged

1.7 スマートフォンでの開発

React Devtools

Reactでの開発では、React Devtools[30]を使ったデバッグが主流ですが、このツールをスマートフォン上で使うためには事前に設定する必要があります。まず、react-devtoolsの準備をします。次のコマンドでreact-devtoolsとreact-devtools-coreをインストールします。

```
$ yarn add react-devtools-core
$ yarn add --dev react-devtools
```

つづいて、src/development.jsを用意して、次のように記述します。ここでポイントなのが、process.env.NODE_ENVの判定です。プロダクションビルドの場合は、ここがfalseになり、ビルド時の最適化によってコードから除外されます。

30.https://github.com/facebook/react-devtools

src/development.js

```
if (process.env.NODE_ENV !== 'production') {
  const { connectToDevTools } = require('react-devtools-core');
  connectToDevTools({ host: location.hostname });
}
```

そして、src/index.jsからdevelopment.jsを読み込みます。**このとき、react-domより前に読み込むようにしてください。**今回は一番先頭の行に付け加えます。

src/index.js

```
import '~/development';
import React from 'react';
import ReactDOM from 'react-dom';
```

その後、別途インストールしたreact-devtoolsコマンドを起動します。うまく読み込めると、react-devtoolsの画面が切り替わります。

```
$ npx react-devtools
```

図 1.3: 接続されたあとの画面

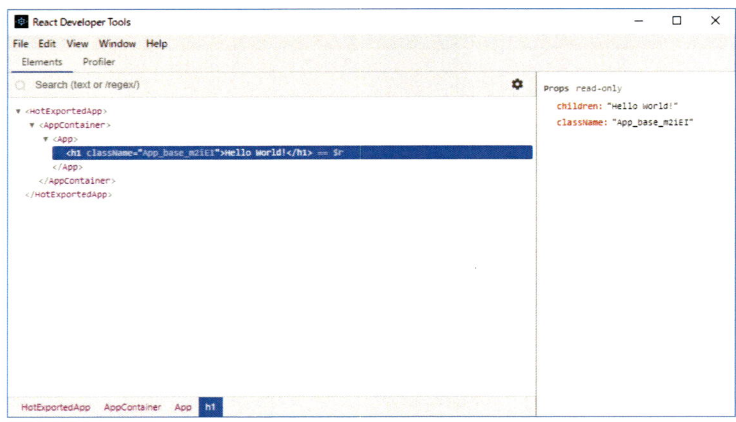

Android

今回のカメラアプリの開発において、一部のAPIにHTTPS通信を要求するものがあります[31]。開発目的のために、localhost内であれば、HTTP通信でも利用が許容されています。一方で、Android

31.https://developer.mozilla.org/ja/docs/Web/Security/Secure_Contexts/features_restricted_to_secure_contexts

上での開発ではlocalhostにサーバーを建てることは困難です。そのような時には、**ChromeのPort forwarding機能**を使うと、開発サーバーのポートをAndroid上のポートに割り当てることができます。これによって、**Android上からでも**localhost**で開発サーバーにアクセスできる**ようになります。

デスクトップのChrome側から設定します。chrome://inspectを開くと、PCに接続されたAndroidが表示されます。この画面の上方にある"**Port forwarding...**"をクリックすると、Port forwardingの設定画面が表示されます（図1.4）。ここの左側にAndroid側のポート番号、右側にバインドしたいアドレスを入力します。今回はwebpack-dev-serverのデフォルトである8080番とreact-devtoolsのデフォルトである8097番をPort forwardingします。このとき、下の方にある "**Enable port forwarding**" のチェックボックスを忘れずにオンにしてください。

図1.4: Port forwardingの設定画面

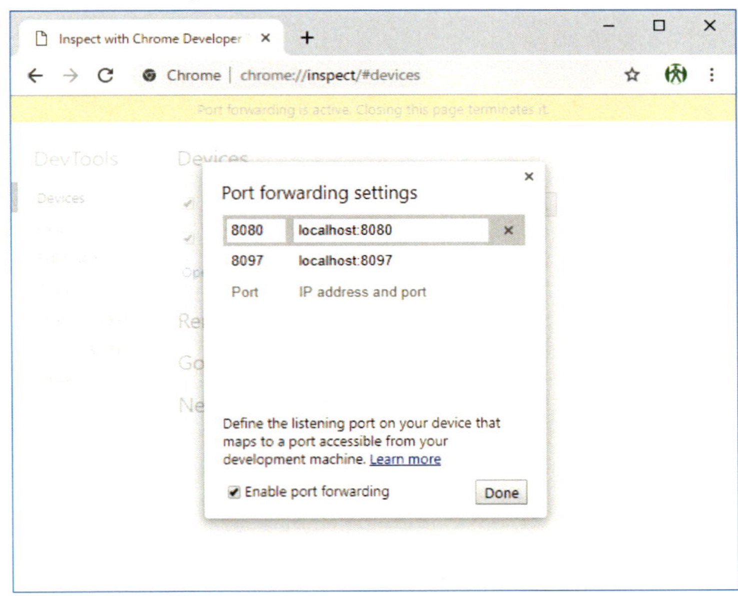

この状態で接続されたAndroidからlocalhost:8080にアクセスすると、ページが表示されます。もちろん、コードを変更した場合もHMRによって自動でリロードがされますし、先程のreact-devtoolsによるデバッグもできるようになります。

iOS

今回はmDNSを使って簡単にアクセスする方法と、ターミナルアプリを使ったPort forwardingについて紹介します。mDNSは、ローカル内でドメイン解決をする仕組みです。macOSやWindows 10では標準で搭載されており、.localで終わるドメイン名でアクセスできます[32]。macOSでは、「システム環境設定」→「共有」に.localで終わるドメイン名が書かれています。Windows 10の場合

32.2019年2月現在、AndroidはmDNSに対応していません

は、「設定」アプリの「システム」→「バージョン情報」にある「デバイス名」に.localをつけたものがドメイン名になります。

ドメイン名で外部から開発サーバーにアクセスするためには、ポートを開放する必要があります。webpack-dev-serverには、外部アクセスを制限する機能があり、デフォルトのままでは外部からアクセスできません。オプションの設定は、CLIコマンドのオプションで設定する方法と、webpack.config.jsに記述する方法があります。今回はwebpack.config.jsにdevServerプロパティーを加えます。hostには、外部からアクセスできるように0.0.0.0を、allowedHostsには.localからのアクセスを許可するように設定します。設定後、[hostname].local:8080にアクセスすると、ページが表示されます。表示されない場合は、ファイアウォールの設定などを見直すと良いでしょう。

webpack.config.js

```
const config = {
  devServer: {
    host: '0.0.0.0',
    allowedHosts: ['.local'],
  },
};
```

先程、Androidの節でも述べましたが、一部のAPIではHTTPS通信を要求するものがあります。localhostからのHTTP通信であれば、このようなAPIでも開発目的で使うことができます。しかし、mDNSを使う方法だけでは、localhostからアクセスすることができません。そこでPort forwarding機能を使うわけですが、iOSには残念ながらPort forwarding機能が標準搭載されていないため、別途アプリをインストールする必要があります。今回は無償のターミナルアプリである"terminus"[33]を使った方法を紹介します。

まず、Port forwardingにはSSHを使うため、開発PC側で外部からのSSHログインができるようにします。macOSの場合は、「システム環境設定」→「共有」の「リモートログイン」を有効にします。Windows 10の場合は、「設定」アプリの「アプリ」→「アプリと機能」にある「オプション機能の管理」から「機能の追加」へ移動し、「OpenSSH サーバー」をインストールします。インストール後には、「サービス」アプリから「OpenSSH SSH Server」を選択して、サービスの開始をします。**SSHログインを有効にすると外部からログインできる状態になるため、使わないときは無効にしておきます。**

続いて、terminus側の設定です。"Hosts"タブから"+"ボタンを押し、"New Host"を選択すると図1.5の画面になります。"Hostname"には、先程設定したmDNSのドメイン名を入れます。"Use SSH"を有効にし、"Username"と"Password"に開発PCのアカウント情報を入れます。

33.https://www.termius.com/ios

図 1.5: ホストの設定

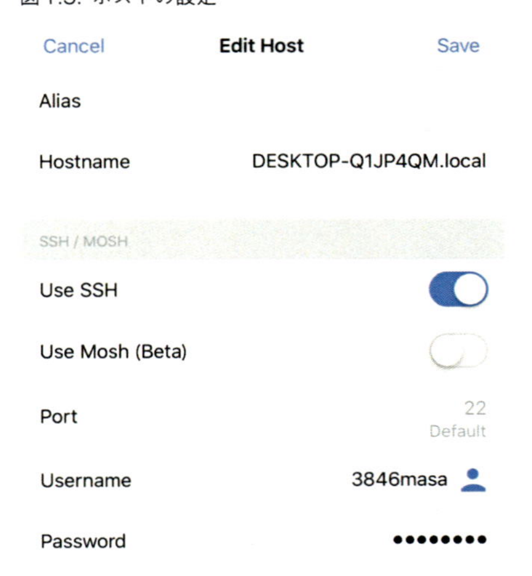

保存ができたら、"Port Forwarding"タブに移って、新しいルールを追加します（図1.6）。ルールの種類は"Local"を選び、"Host"には設定したものを選択します。"Port From"と"Port To"は同じポート、今回は`8080`番ポートを設定します。"Destination"には、`127.0.0.1`を指定しましょう。`react-devtools`を使う場合は、`8097`番ポートも同様に設定します。

図 1.6: Port Forwarding の設定

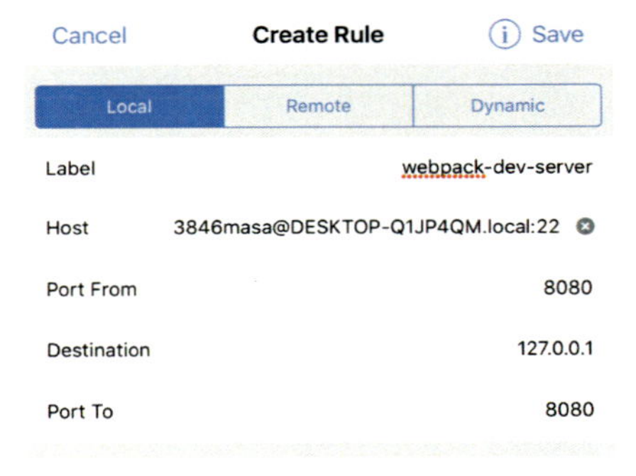

さいごに設定したPort forwardingをタップして有効化し、Safariから`localhost:8080`にアクセスできれば設定は完了です。

1.8 npm scriptsにコマンドを設定しよう

これまでコマンドを`npx`経由で使っていましたが、オプションが増えると間違えて打ってしまったり、忘れてしまったりすることがあります。そうならないために、使うコマンドをnpm scriptsとして`package.json`に登録しましょう。

`start`には、`webpack-dev-server`のコマンドを設定します。`build`には、`webpack`のコマンドを設定します。このとき、`--mode`オプションに`production`を指定することで、コードの最適化が行われます[34]。また、devtoolsには、react-devtoolsが起動するように設定しておきます。これらのnpm scriptsは、yarnコマンドから呼び出せます。

package.json

```
{
  "scripts": {
    "start": "webpack-dev-server --hot --mode development",
    "build": "webpack --mode production",
    "devtools": "react-devtools"
  }
}
```

```
$ yarn start
```

これで開発環境の準備は完了です。さっそく開発をしていきましょう！

34. 具体的にどのような設定になるかは、https://webpack.js.org/concepts/mode/#mode-production を参照してください

第2章　シンプルなカメラアプリを作ろう

2.1　画面の切り替え部分を作る

今回のカメラアプリの画面は、複数の画面からなります。例えば、撮影する画面（`<CameraPage>`）や、フィルターをプレビューする画面（`<PreviewPage>`）があります。これらの画面をコンポーネントに分割して`src/components`に作っていきます。

まずは、ベースとなる`<Layout>`と`<CameraPage>`を作ります。`<Layout>`は、画面全体に広がる幅100%・縦100%の`<div>`タグです。ここで気をつけておきたい点として、Android Chromeの"**URL Bar Resizing**"[1]があります。この"URL Bar Resizing"とは、画面サイズを表す`vh/vw/%`Unitsの大きさが、図2.1のようにアドレスバーの表示・非表示によって変わる現象です。画面全体を覆う実装をするときには、この挙動を把握しておく必要があります。これについての対策は、`display: fixed`と`%`Unitを併用することです。

図2.1: アドレスバーの表示・非表示によって高さが変わる例

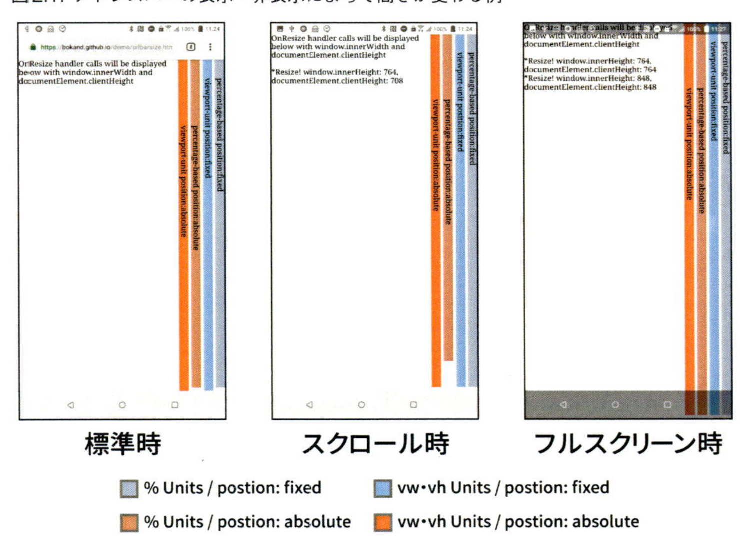

テキストを扱わないアプリを作るならば、`touch-action`と`user-select`を`none`にしておくと、拡大や文字選択の抑制ができて便利です。すべてを含めると、次のようなCSSになります。

src/components/common/Layout.css

1.https://developers.google.com/web/updates/2016/12/url-bar-resizing

```
.base {
  position: fixed;
  top: 0;
  left: 0;
  width: 100%;
  height: 100%;
  touch-action: none;
  user-select: none;
}
```

つづいて、JavaScript側を書いていきます。CSS Modulesでは、importすると元のクラス名と生成されたクラス名を1対1に対応させたObjectが返ってきます。今回は.baseを指定したので、styles.baseに対応するクラス名が入っています。<div>タグにstyles.baseを当てた<Layout>コンポーネントは次のようになります。

src/components/common/Layout.js

```
import React from 'react';
import styles from './Layout.css';

/** @type {React.FC<React.HTMLAttributes<HTMLDivElement>>} */
const Layout = (props) => <div {...props} className={styles.base} />;

export default Layout;
```

プロパティーを...propsとして展開すると、childrenなども展開されるため、タグで囲むようなコードを書く必要がなくなります。ここについては好みが分かれると思いますので、好きなように書いてください。

```
// childrenを囲んで書いてもよい
(props) => <div className={styles.base}>{props.children}</div>;
```

つづいて、<CameraPage>のファイルを作っていきます。とりあえず今は、ページ名が表示されるだけのコンポーネントを作りましょう。

src/components/camera/CameraPage.js

```
import React from 'react';

import Layout from '~/components/common/Layout';

class CameraPage extends React.Component {
```

```
  render() {
    return <Layout>CameraPage</Layout>;
  }
}

export default CameraPage;
```

さいごに、<App>を書き換えていきましょう。今後src/App.cssは使わないので、ここで削除しておきます。先程<CameraPage>や<PreviewPage>など複数の画面があると述べましたが、その画面の切り替え部分を<App>に書きます。Stateでどちらのページを表示するかを保存し、render()のswitch文で切り替えます。ここまでを実行すると、図2.2のように黒い画面に白文字で『CameraPage』と表示されます。

src/App.js

```
import CameraPage from '~/components/camera/CameraPage';

/**
 * @typedef State
 * @property {'camera'} page
 */

/** @extends {React.Component<{}, State>} */
class App extends React.Component {
  /** @type {State} */
  state = {
    page: 'camera',
  };

  render() {
    const { page } = this.state;
    switch (page) {
      case 'camera': {
        return <CameraPage />;
      }
    }
  }
}
```

図2.2: ページがうまく表示された例

2.2　コンポーネントの設計をする

映像表示部分を作る

<CameraPage>の設計をしていきます。多くのカメラアプリでは、画面下中央にシャッターボタンがあり、その左右にカメラ切り替えボタンなどの機能制御があります。今回も操作部分は同じようなデザインで進めていきましょう。実際のカメラ映像は16:9で撮影して、その映像が画面全体に映るようにします。図2.3のように、全画面の映像コンポーネントの上に、シャッターボタンなどのUI用コンポーネントを載せる設計です。

図2.3: 全画面の映像にシャッターボタンが載るイメージ

まずはカメラ映像の部分を作っていきます。カメラ映像は<CameraView>コンポーネントにします。**今はまだ画面を設計するだけなので、映像の代わりに画像を入れておきます。**ここでちょっと

したポイントですが、代わりに入れる画像はちゃんと撮影した写真のほうが、実際のカメラの雰囲気が感じ取れてオススメです。今回は、ライセンスフリーな画像が取得できる便利なサイトPicsum Photos[2]を使います。

src/components/camera/CameraView.js

```
import React from 'react';
import styles from './CameraView.css';

const SAMPLE_IMAGE_SRC = 'https://picsum.photos/1080/1920/?image=15';

const CameraView = () => (
  <img src={SAMPLE_IMAGE_SRC} className={styles.base} />
);

export default CameraView;
```

src/components/camera/CameraView.css

```
.base {
  position: absolute;
  top: 0;
  left: 0;
  width: 100%;
  height: 100%;
  object-fit: contain;
  object-position: center center;
}
```

`.base`で、縦幅・横幅を`100%`固定にします。また、`object-fit`と`object-position`で画像や映像をどうやってコンテナに収めるかを指定しています。よく背景画像の指定方法に、`background-size`や`background-position`を使うことがありますが、それの`<img>`や`<video>`版だと思うとわかりやすいです。今回の指定は、画面内に収まるように広げて、位置は上下・左右中央揃えにしました。

ここまでを`<CameraPage>`に組み込んでおきます。画像が表示されたなら次へ行きましょう。

src/components/camera/CameraPage.js

```
import CameraView from '~/components/camera/CameraView';

class CameraPage extends React.Component {
  render() {
    return (
```

---

2. https://picsum.photos/

```
      <Layout>
        <CameraView />
      </Layout>
    );
  }
}
```

操作部分を作る

操作部分は画面下部にボタンを並べて作ります。今回ボタンの横幅は、おおよそ画面幅の1/5ぐらいにしようと思います。そして、画面中央に丸いシャッターボタンを置きます。シャッターボタンの大きさは、アスペクト比1:1になるように`::before`要素で押し広げます。`padding`**の基準が包含ブロックの幅である**[3]ことを利用して、アスペクト比を固定するCSSのテクニックを使っています。

`.base`では、CSS Gridを使って位置を決めています。`grid-template-areas`を使うことで、空白部分のためにわざわざ不必要な`<div>`を入れなくても、`grid-area`の指定で位置を決めることができます。`grid-template-areas`は、ドット部分が未割り当て、文字部分は該当エレメントとして、空白区切りで指定します。今回は、5つに割って中央に`shutter-button`を配置するので、両端に2ブロックずつドットを書きます。詳しくは`grid-template-areas`のMDN[4]を参照してください。

src/components/camera/CameraController.js

```
import React from 'react';
import styles from './CameraController.css';

/**
 * @typedef Props
 * @property {() => any} onClickShutter
 */

/** @type {React.FC<Props>} */
const CameraController = (props) => {
  const { onClickShutter } = props;
  return (
    <div className={styles.base}>
      <button className={styles.shutterButton} onClick={onClickShutter} />
    </div>
  );
};
```

3.https://developer.mozilla.org/ja/docs/Web/CSS/Containing_block#Calculating_percentage_values_from_the_containing_block

4.https://developer.mozilla.org/ja/docs/Web/CSS/grid-template-areas

```
export default CameraController;
```

src/components/camera/CameraController.css

```
.base {
  position: absolute;
  right: 0;
  bottom: 0;
  left: 0;
  display: grid;
  grid-template-areas: '..... ..... shutter-button ..... .....';
  grid-template-columns: repeat(5, minmax(0, 1fr));
  grid-column-gap: 10px;
  justify-content: space-around;
  width: 100%;
  max-width: calc(20vh * 5 + 10px * 4);
  padding: 25px 0;
  margin: auto;
  background-color: rgba(0, 0, 0, 0.5);
}

.shutter-button {
  position: relative;
  grid-area: shutter-button;
  background-color: black;
  border: white solid 3px;
  border-radius: 50%;
  outline: none;
  opacity: 0.75;
  -webkit-tap-highlight-color: transparent;

  &:active {
    background-color: gray;
  }

  &::before {
    display: block;
    padding-top: 100%;
    content: '';
  }
}
```

さいごに<CameraPage>に<CameraController>を追加します。最終的に、図2.4のような画面になります。画面ができたので、次はカメラから映像を取得してみましょう。

src/components/camera/CameraPage.js

```
import CameraController from '~/components/camera/CameraController';

class CameraPage extends React.Component {
  render() {
    return (
      <Layout>
        <CameraView />
        <CameraController />
      </Layout>
    );
  }
}
```

図2.4: シンプルなカメラ画面

2.3 カメラの映像を取得する

カメラの映像はnavigator.mediaDevices.getUserMedia()[5]を呼ぶことで、MediaStream型で返ってきます。getUserMedia()には、取得したいストリームの制約を書きます。例えば、今回は動画を取得したいので、videoを指定します。video.facingModeで外側のカメラ（environment）か内側のカメラ（user）かを指定できます。video.aspectRatioで、取得する動画のアスペクト比を指定できます。さらに細かい指定もできますが、それについては後述します。

<CameraPage>がマウントされたタイミングで、getUserMedia()を呼び、取得したMediaStreamをStateに保存するようにします。

src/components/camera/CameraPage.js

```
/**
 * @typedef State
 * @property {MediaStream} stream
 */

/** @extends {React.Component<{}, State>} */
class CameraPage extends React.Component {
  /** @type {State} */
  state = {
    stream: null,
  };

  componentDidMount() {
    this.updateStream();
  }

  async updateStream() {
    const stream = await navigator.mediaDevices.getUserMedia({
      video: {
        aspectRatio: { ideal: 16 / 9 },
        facingMode: { ideal: 'environment' },
      },
    });
    this.setState({ stream });
  }
}
```

つづいて、<CameraView>を変えていきます。<img>タグで動画の代わりをしていた部分を<video>

5.navigator.getUserMedia() は廃止されました

タグに置き換えます。そのときに、映像が自動再生されるようにmuted[6]とautoPlay、そしてSafari向けにplaysInlineを指定します。

src/components/camera/CameraView.js

```
const CameraView = () => (
  <video muted autoPlay playsInline className={styles.base} />
);
```

<video>で再生するために、MediaStreamをsrcObject属性に割り当てます。普通に考えると、次のようなコードを書けば実現できるはずです。

```
<video srcObject={stream} />
```

しかし、ReactではsrcObjectのバインドはしてくれない仕様[7]になっているため、この方法では映像を流すことができません。この問題の解決方法として、従来はURL.createObjectURL()を使って作成したBlob URLをsrc属性に指定する方法がありました。しかし現在はURL.createObjectURL()をMediaStreamに使うことは禁じられています[8]。

そのため、この問題はReactに頼らずDOMを直接操作してsrcObjectに指定し、解決します。ReactでsrcObjectを指定するコードは次のようになります。

src/components/common/Video.js

```
import React from 'react';

/**
 * @typedef Props
 * @property {MediaStream} [srcObject]
 */

/** @extends {React.Component<React.VideoHTMLAttributes<*> & Props>} */
class Video extends React.Component {
  /** @type {React.RefObject<HTMLVideoElement>} */
  ref = React.createRef();

  set srcObject(srcObject) {
    this.ref.current.srcObject = srcObject;
  }

  componentDidMount() {
```

6.Reactでは<video>のmuted属性はHTMLに反映せず、直接プロパティーが変更されるため、DOMツリー内では見えません

7. これについては何度もPRが作成されていますが、ライブラリーの肥大化を理由に拒否されています（https://github.com/facebook/react/pull/9146#issuecomment-355584767

8.https://www.fxsitecompat.com/ja/docs/2017/url-createobjecturl-stream-has-been-deprecated/

```
    this.srcObject = this.props.srcObject;
  }

  /** @param {Props} prevProps */
  componentDidUpdate(prevProps) {
    if (this.props.srcObject !== prevProps.srcObject) {
      this.srcObject = this.props.srcObject;
    }
  }

  render() {
    const { srcObject, ...rest } = this.props;
    return <video {...rest} ref={this.ref} />;
  }
}

export default Video;
```

src/components/camera/CameraView.js

```
import Video from '~/components/common/Video';

/**
 * @typedef Props
 * @property {MediaStream} [srcObject]
 */

/** @extends {React.FC<Props>} */
const CameraView = ({ srcObject }) => (
  <Video
    muted
    autoPlay
    playsInline
    srcObject={srcObject}
    className={styles.base}
  />
);
```

`React.createRef()`はReact v16.3から導入されたメソッドで、今までのCallbackで指定する`ref`よりも簡便に書けます。取得したエレメントは`ref.current`から参照できます。`componentDidMount()`と`componentDidUpdate()`で、`props`から`srcObject`を設定します。

さいごに`<CameraPage>`から`<CameraView>`に`stream`を渡すように書き換えます。ここまで書いたら、ブラウザーをリロードしてみましょう。無事にカメラからの映像が映ったら、いよいよ写真撮影部分を書いていきます。

src/components/CameraPage.js

```
class CameraPage extends React.Component {
  render() {
    const { stream } = this.state;
    return (
      <Layout>
        <CameraView srcObject={stream} />
        <CameraController />
      </Layout>
    );
  }
}
```

2.4 画像を保存する

ImageCapture

画像を保存するために、MediaStreamからJPEGのBlobを作成する必要があります。ImageCapture[9]は、MediaStreamに含まれるVideoStreamTrackから画像を作成するためのクラスで、2019年2月現在、Chromeもしくはdom.imagecapture.enabledフラグが有効なFirefoxで利用できます[10]。ImageCapture.takePhoto()を使うと、**カメラの撮影状況などのEXIF情報を含んだ**状態[11]のBlobが取れる点です。使い方も簡単で、VideoStreamTrackを渡してtakePhoto()するだけです。

```
const [track] = stream.getVideoTracks();
const capture = new ImageCapture(track);
const blob = await capture.takePhoto();
```

しかし、ImageCapture.takePhoto()は、撮影時にカメラの設定を自動で再設定するため、デバイスによっては動画として見ている画面とは違う画像が取得されてしまいます[12]。また、解像度もデバイス依存で変更されるため、アスペクト比の固定も困難です。一方、ImageCapture.grabFrame()を使うと、今見えている映像がそのままImageBitmap型として取得できます。

9.https://w3c.github.io/mediacapture-image/

10.https://github.com/w3c/mediacapture-image/blob/master/implementation-status.md

11.GPS情報は含まれません

12.例えば、HTC U12+ではシャッタースピードが異常な値になり、真っ暗な写真しか撮れません

```
const [track] = stream.getVideoTracks();
const capture = new ImageCapture(stream);
const image = await capture.grabFrame();
```

しかし、ImageBitmap型からBlob型にするには、一度<canvas>に描画したあとにcanvas.toBlob()を使って作る必要があります。それならば、従来の<video>から<canvas>に描画して、画像を得る方法のほうが手間が少なくて良いでしょう。今回は使わない実装で進めますが、将来的にはImageCaptureを使う実装に変わっていくと思われます。

Canvasに描画するため、まずMediaStreamから<video>を作る関数を作りましょう。ここのコードで抑えておきたいポイントがふたつあります。

ひとつはaddEventListener()のPromise化です。<video>からCanvasに書き出すためには、<video>が再生中である必要があります。再生されたかどうかは、playingイベントで判断できます。また、<video>の大きさが読み込まれたときのloadedmetadataイベントも捕捉しておきます。ここで捕捉したいイベントは、最初に発火したイベントだけなので、addEventListener()の第3引数にあるonceをtrueにしています。

もうひとつは、<video>のスタイルです。ブラウザーによって挙動がマチマチではあるのですが、<video>が自動再生されるためには**画面上に表示されている状態と認識される必要があります。**具体的には、display:noneやvisibility:hiddenは使えず、<video>自体がviewport内に表示されないtop:-10000pxのような指定も使えません。一方でopacity:0は使えるため、極小で透明な<video>を作っています。

src/helpers/createVideoElement.js

```
/** @param {MediaStream} stream */
async function createVideoElement(stream) {
  const videoElem = document.createElement('video');

  const waitPlayingPromise = new Promise((resolve, reject) => {
    videoElem.addEventListener('playing', resolve, { once: true });
    videoElem.addEventListener('error', reject, { once: true });
  });
  const waitLoadedMetadataPromise = new Promise((resolve, reject) => {
    videoElem.addEventListener('loadedmetadata', resolve, { once: true });
    videoElem.addEventListener('error', reject, { once: true });
  });

  Object.assign(videoElem.style, {
    position: 'fixed',
    width: '1px',
    height: '1px',
    opacity: 0,
```

```
  });
  Object.assign(videoElem, {
    muted: true,
    autoplay: true,
    playsInline: true,
    srcObject: stream,
  });
  document.body.appendChild(videoElem);

  await Promise.all([waitPlayingPromise, waitLoadedMetadataPromise]);
  return videoElem;
}

export default createVideoElement;
```

つづいて、Canvas経由でBlobを生成する関数です。今回は汎用性を考えて、`CanvasImageSource`[13]全般を渡せるようにします。`CanvasImageSource`は、`<video>`や`<img>`、`<canvas>`などが含まれます。ここで注意したいのが、実際の動画の幅・高さは`<video>.videoWidth`と`<video>.videoHeight`である点です。また、実際の画像の幅・高さは`<img>.naturalWidth`と`<img>.naturalHeight`になります。そのため、Canvasの大きさを決めるときには、ソースがどちらかによって、読み込むプロパティーを切り替える必要があります。

src/helpers/createImageBlob.js

```
/**
 * @param {CanvasImageSource} source
 * @param {string} [mimetype]
 * @returns {Promise<Blob>}
 */
async function createImageBlob(source, mimetype = 'image/jpeg') {
  const canvas = document.createElement('canvas');

  if (source instanceof HTMLVideoElement) {
    Object.assign(canvas, {
      width: source.videoWidth,
      height: source.videoHeight,
    });
  } else if (source instanceof HTMLImageElement) {
    Object.assign(canvas, {
      width: source.naturalWidth,
```

13.https://developer.mozilla.org/en-US/docs/Web/API/CanvasImageSource

```
      height: source.naturalHeight,
    });
  } else {
    Object.assign(canvas, {
      width: source.width,
      height: source.height,
    });
  }

  const ctx = canvas.getContext('2d');
  ctx.drawImage(source, 0, 0);

  const blob = await new Promise((resolve) => canvas.toBlob(resolve, mimetype));
  return blob;
}

export default createImageBlob;
```

そして、さいごにMediaStreamからBlobを生成する関数を作ります。使い終わった<video>を忘れずにremove()するようにしましょう。

src/helpers/captureImage.js

```
import createVideoElement from '~/helpers/createVideoElement';
import createImageBlob from '~/helpers/createImageBlob';

/** @param {MediaStream} stream */
async function captureImage(stream) {
  const video = await createVideoElement(stream);
  const blob = await createImageBlob(video);
  video.remove();
  return blob;
}

export default captureImage;
```

saveAs

Blobを保存するための有名なライブラリーに、FileSaver.js[14]があります。FileSaver.jsは、<a>のdownload属性を使って、ファイルをダウンロードします。残念ながら、iOS Safariでは2019

14. https://github.com/eligrey/FileSaver.js

年2月現在、download属性に対応していないため、画像をページとして開く仕様になっています[15]。FileSaver.jsの実装を抜粋すると、次のようなものになります。

```
/**
 * Based on FileSaver.js under the MIT License
 * Copyright (c) 2016 Eli Grey.
 */
function saveAs(blob, filename) {
  const blobUrl = URL.createObjectURL(blob);
  const aLink = Object.assign(
    document.createElement('a'),
    {
      download: filename,
      href: blobUrl,
    },
  );

  setTimeout(() => {
    aLink.click();
    setTimeout(() => URL.revokeObjectURL(blobUrl), 4e4);
  }, 0);
}
```

download属性で、ファイル名を指定します。URL.createObjectURL()でBlob URLを作ったあと、<a>のhrefに指定して<a>.click()でクリックさせます。保存されたかどうかの判定ができないため、ある程度の時間が経ったあとにURL.revokeObjectURL()で、Blobを開放しています。実装自体は簡単ですが、後方互換性のことも考えて、FileSaver.jsを読み込んで使うことにします。

```
$ yarn add file-saver
```

さいごに<CameraPage>で保存処理を書いたら完成です！

src/components/camera/CameraPage.js

```
import saveAs from 'file-saver';

import captureImage from '~/helpers/captureImage';

class CameraPage extends React.Component {
  onClickShutter = async () => {
```

15. 実装はされているため、もうじき使えるようになります（https://bugs.webkit.org/show_bug.cgi?id=167341）

```
    const { stream } = this.state;
    const blob = await captureImage(stream);
    saveAs(blob, ‘${Date.now()}.jpg‘);
  };

  render() {
    const { stream } = this.state;
    return (
      <Layout>
        <CameraView srcObject={stream} />
        <CameraController onClickShutter={this.onClickShutter} />
      </Layout>
    );
  }
}
```

第3章　カメラの設定を変えよう

3.1　カメラの最大解像度を調べる

最低限のカメラアプリはできましたが、まだまだ足りない機能がたくさんあります。まずは解像度の設定を行いましょう。前章のコードで、getUserMedia()に何を渡していたでしょうか。

```
navigator.mediaDevices.getUserMedia({
  video: {
    aspectRatio: { ideal: 16 / 9 },
    facingMode: { ideal: 'environment' },
  },
});
```

このaspectRatioで、アスペクト比を設定すると説明しました。では、解像度についてはどうやって設定するのでしょうか。解像度は、widthとheightで設定できます。また、ここまで挙げた設定では、min/max/ideal/exactの指定ができます[1]。exactで指定すると、必ずその値になるようなカメラデバイスを選択します。条件を満たせないときには、OverconstrainedErrorが返されます。idealで指定すると、その値に極力合わせたカメラデバイスを選択します。条件を満たせないときには、minとmaxの間でidealに近い値が利用されます。

```
navigator.mediaDevices.getUserMedia({
  video: {
    width: { min: 360, max: 1080, ideal: 720 },
    height: { min: 460, max: 1920, ideal: 1280 },
  },
});
```

最大解像度を取得するコードを書いてみましょう。最大解像度を得るAPIはないため、よく使われる解像度を総当たりで試して探します。getConstraints()は、特定のfacingModeにおける推薦設定を作る関数です。調べる解像度は、RESOLUTION_LISTに定めています。

isResolutionAvailable()は、解像度が利用できるかを調べる関数です。getUserMedia()は、指定した条件を満たすものがない場合はエラーを返します。エラーの内容は今回必要としていないため、catchしてnullを返すようにします。これで、nullかどうかで成功したかがわかります。

デバイスによっては、指定した条件で返ってきたストリームの解像度が違う場合もあります。そ

1. 詳細については https://developer.mozilla.org/ja/docs/Web/API/MediaDevices/getUserMedia を参照してください

のため、一旦<video>を作ってから、実際の解像度を調べる必要があります。条件の設定では長辺をwidthとしていますが、取得される動画は必ずしも**横幅が長辺とは限りません**。比較するためには、得られた動画の長辺を調べる必要があります。さいごに、使い終わった<video>やトラックは消しておきましょう。

src/helpers/getConstraints.js

```
import createVideoElement from '~/helpers/createVideoElement';

const RESOLUTION_LIST = [
  { width: 7680, height: 4320 }, // 8K
  { width: 3840, height: 2160 }, // 4K
  { width: 2560, height: 1440 }, // WQHD
  { width: 1920, height: 1080 }, // Full-HD
  { width: 1280, height: 720 }, // HD
];

/**
 * @param {'user' | 'environment'} facingMode
 * @returns {Promise<MediaTrackConstraints | null>}
 */
async function getConstraints(facingMode) {
  for (const resolution of RESOLUTION_LIST) {
    if (await isResolutionAvailable(resolution, facingMode)) {
      return {
        width: { exact: resolution.width },
        height: { exact: resolution.height },
        facingMode: { exact: facingMode },
      };
    }
  }

  return null;
}

/** @param {MediaTrackConstraints} resolution */
async function isResolutionAvailable(resolution, facingMode) {
  const stream = await navigator.mediaDevices
    .getUserMedia({
      video: {
        width: { exact: resolution.width },
        height: { exact: resolution.height },
```

```
        facingMode: { exact: facingMode },
      },
    })
    .catch(() => null);

  if (!stream) {
    return false;
  }

  const videoEl = await createVideoElement(stream);
  const currentResolution = {
    long: Math.max(videoEl.videoWidth, videoEl.videoHeight),
    narrow: Math.min(videoEl.videoWidth, videoEl.videoHeight),
  };

  videoEl.remove();
  // Stop all tracks
  for (const track of stream.getTracks()) {
    track.stop();
  }

  return (
    currentResolution.long === resolution.width &&
    currentResolution.narrow === resolution.height
  );
}

export default getConstraints;
```

カメラを初めて起動するタイミングで、あらかじめ`facingMode`が`"user"`、`"environment"`それぞれで解像度を調べておきます。得られた解像度を適用するように`<CameraPage>`を書き換えてみましょう。`initialize()`は、ページのマウント時に`componentDidMount()`から実行されます。このときに解像度を調べてStateに保存しておきます。また、`facingMode`の初期値も、`"environment"`を優先的に設定されるように選びます。必ずしも`"environment"`に合うカメラがあるとは限らないため、`"user"`へフォールバックするようにします。

`facingMode`が変更されると、`updateStream()`が呼ばれます。指定した`facingMode`の設定を読み出して、`getUserMedia()`からストリームを取得します。

src/components/camera/CameraPage.js

```
import getConstraints from '~/helpers/getConstraints';

/**
 * @typedef State
 * @property {MediaStream} stream
 * @property {Record<string, MediaTrackConstraints | null>} constraints
 * @property {'user' | 'environment'} facingMode
 */

/** @extends {React.Component<{}, State>} */
class CameraPage extends React.Component {
  /** @type {State} */
  state = {
    stream: null,
    constraints: {},
    facingMode: null,
  };

  componentDidMount() {
    this.initialize();
  }

  /** @param {State} prevState */
  componentDidUpdate(_prevProps, prevState) {
    if (this.state.facingMode !== prevState.facingMode) {
      this.updateStream();
    }
  }

  async initialize() {
    const constraints = {
      user: await getConstraints('user'),
      environment: await getConstraints('environment'),
    };
    const facingMode = constraints.environment ? 'environment' : 'user';
    this.setState({ constraints, facingMode });
  }

  async updateStream() {
    const { constraints, facingMode } = this.state;
```

```
    if (!constraints[facingMode]) {
      alert('Camera is not available.');
      return false;
    }

    const stream = await navigator.mediaDevices.getUserMedia({
      video: constraints[facingMode],
    });
    this.setState({ stream });
  }
}
```

ここまででもう一度撮影してみましょう。最初に撮影した画像よりも高解像度で写真が撮れるはずです。

カメラの設定可能範囲を調べる

getUserMedia()で指定できる設定は、facingModeやaspectRatio以外にもいろいろあります。getSupportedConstraints()[2]を使うと、デバイスで使える設定項目の一覧が取得できます。例えば、zoomが含まれていれば、カメラのズーム機能が使えることがわかります。

また、取得したトラックでgetCapabilities()を呼び出すと、そのトラックで設定できる値の上限・下限を取得できます。残念ながら、widthとheightはペアになっていないため、両方の上限をexactで指定してもストリームが取れない場合があります。2019年2月時点では、この機能はChromeとSafariが対応しています。

余談ですが、Chromeではメディア系のデバッグ情報を見る機能として、chrome://media-internalsというページがあります。このなかの"Video Capture"タブを見ると、"Video Capture Device Capabilities"として、デバイスが使えるカメラと解像度の一覧を見ることができます（図3.1）。どうしても解像度が低いままの場合は、そもそも高解像度に対応しているかどうかを確認しましょう。

図3.1: カメラごとに解像度とFPSが一覧で見られる

Video Capture Device Capabilities Copy to clipboard

Device Name	Formats (resolution)	Formats (fps)	Capture API
Intel(R) RealSense(TM) 3D Camera Virtual Driver	320x180	60.00	Media Foundation
	320x180	30.00	
	320x240	60.00	
	320x240	30.00	
	424x240	60.00	
	424x240	30.00	
	640x360	60.00	
	640x360	30.00	
	640x480	60.00	
	640x480	30.00	
	848x480	60.00	
	848x480	30.00	
	960x540	60.00	
	960x540	30.00	
	1280x720	30.00	
	1920x1080	30.00	

2.https://developer.mozilla.org/ja/docs/Web/API/MediaDevices/getSupportedConstraints

3.2 外側カメラ・内側カメラを切り替える

ここでは、外側カメラ・内側カメラがある場合にカメラを切り替える機能を作ります。

まずは、切り替えボタンを作ります。イメージは図3.2のようなものです。

図3.2: カメラ切り替えボタン

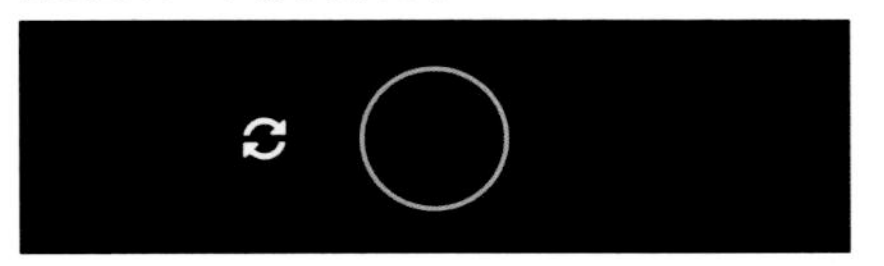

切り替えボタンのアイコンには、Font Awesome[3]を使います。Font Awesomeとは、UIなどに使う記号アイコンが集まった定番ライブラリーです。SVG版とWebフォント版がありますが、Reactから使いやすい点とサイズ指定がしやすい点で今回はSVG版を使います。次のコマンドで、必要なライブラリーをインストールします。

```
$ yarn add @fortawesome/react-fontawesome \
@fortawesome/fontawesome-svg-core @fortawesome/free-solid-svg-icons
```

`@fortawesome/react-fontawesome`[4]をインストールすると、`<FontAwesomeIcon>`コンポーネントが使えるようになります。`<FontAwesomeIcon>`の`icon`に、使いたいアイコンのデータを入れると表示されます。切り替えボタンには、`faSyncAlt`アイコンを使ってみます。また、カメラの切り替えができない場合には、`<button>`の`disabled`属性を使ってボタンを押せないようにします。追加したCSSのクラス名はこのあと説明します。

src/components/camera/CameraController.js

```
import { FontAwesomeIcon } from '@fortawesome/react-fontawesome';
import { faSyncAlt } from '@fortawesome/free-solid-svg-icons';

/**
 * @typedef Props
 * @property {() => any} onClickShutter
 * @property {() => any} onToggleFacingMode
 * @property {boolean} [disabledToggleFacingMode]
 */
```

3.https://fontawesome.com/

4.https://github.com/FortAwesome/react-fontawesome

```
/** @type {React.FC<Props>} */
const CameraController = (props) => {
  const {
    onClickShutter,
    onToggleFacingMode,
    disabledToggleFacingMode,
  } = props;

  return (
    <div className={styles.base}>
      <button className={styles.shutterButton} onClick={onClickShutter} />
      <button
        className={styles.facingModeButton}
        disabled={disabledToggleFacingMode}
        onClick={onToggleFacingMode}
      >
        <FontAwesomeIcon className={styles.buttonIcon} icon={faSyncAlt} />
      </button>
    </div>
  );
};
```

grid-template-areasで、切り替えボタンの位置をシャッターボタンの左隣に指定します。切り替えボタンは、Flexboxを使ってアイコンが上下左右中央になるようにします。アイコンの大きさは、ボタン横幅の30%にして、高さは自動で調整するようにします。ここで気をつけたいのが、ボタンの背景色と枠線です。<button>は明示的にbackground-colorとborderを指定しないと、デフォルトのスタイルが当たってしまい見栄えが悪くなります。

src/components/camera/CameraController.css

```
.base {
  grid-template-areas: '..... facing-mode-button shutter-button ..... .....';
}

.facing-mode-button {
  display: flex;
  grid-area: facing-mode-button;
  align-items: center;
  justify-content: center;
  color: white;
  background-color: transparent;
  border: none;
```

```
  outline: none;
  -webkit-tap-highlight-color: transparent;

  &:active,
  &:disabled {
    color: gray;
  }
}

.button-icon {
  width: 30%;
  height: auto;
}
```

つづいて、<CameraView>に少し手を加えます。ほとんどのカメラアプリでは、内カメラの映像を左右反転、鏡を見ているかのような表示にしています。今回作るアプリも、facingModeが"user"のときに左右反転させるようにします。左右反転はscaleX(-1)で簡単に実現できます。CSSのスタイルの切り替えは、classcat[5]のようなライブラリーを使う方法もありますが、今回はdata-facing-mode属性を作って切り替えてみます。data-から始まる属性は、自由に定義して使えます。

src/components/camera/CameraView.css

```
.base {
  &[data-facing-mode='user'] {
    transform: scaleX(-1);
  }
}
```

src/components/camera/CameraView.js

```
/**
 * @typedef Props
 * @property {MediaStream} [srcObject]
 * @property {'user' | 'environment'} facingMode
 */

/** @extends {React.FC<Props>} */
const CameraView = ({ srcObject, facingMode }) => (
  <Video
    muted
    autoPlay
```

5.https://github.com/jorgebucaran/classcat

```
    playsInline
    srcObject={srcObject}
    className={styles.base}
    data-facing-mode={facingMode}
  />
);
```

つづいて、内側カメラの画像を保存するときに、画像を反転させる処理です。`createImageBlob()`に`facingMode`を渡せるようにして、`facingMode`が`"user"`のときは画像を反転させてCanvasに書き込みます。撮影時は、`<CameraPage>`の`onClickShutter`から、`facingMode`を渡します。

src/helpers/createImageBlob.js

```
/**
 * @param {'user' | 'environment'} facingMode
 */
async function createImageBlob(source, facingMode, mimetype = 'image/jpeg') {
  /* 省略 */

  const ctx = canvas.getContext('2d');

  if (facingMode === 'user') {
    ctx.save();
    ctx.translate(canvas.width, 0);
    ctx.scale(-1, 1);
    ctx.drawImage(source, 0, 0);
    ctx.restore();
  } else {
    ctx.drawImage(source, 0, 0);
  }

  const blob = await new Promise((resolve) => canvas.toBlob(resolve, mimetype));
  return blob;
}
```

src/helpers/captureImage.js

```
/**
 * @param {MediaStream} stream
 * @param {'user' | 'environment'} facingMode
 */
async function captureImage(stream, facingMode) {
  const video = await createVideoElement(stream);
```

```
  const blob = await createImageBlob(video, facingMode);
  video.remove();
  return blob;
}
```

src/components/camera/CameraPage.js

```
class CameraPage extends React.Component {
  onClickShutter = async () => {
    const { stream, facingMode } = this.state;
    const blob = await captureImage(stream, facingMode);
    saveAs(blob, `${Date.now()}.jpg`);
  };
}
```

<CameraPage>でfacingModeを切り替えるメソッドと、facingModeが切り替えられるかどうかのプロパティーを用意します。先程作ったgetConstraints()は、カメラが見つからなかったときにnullを返すように処理していました。つまり、返り値が両方あるかどうかで、外側カメラ・内側カメラがあるかを判定できます。

カメラを切り替える前に、closeStream()で今使っているストリームをすべて停止させるようにします[6]。止まったストリームは一旦nullとして、facingModeと一緒にStateに保存します。これで外側カメラ・内側カメラの切り替えができるようになりました。

src/components/camera/CameraPage.js

```
class CameraPage extends React.Component {
  get canToggleFacingMode() {
    const { constraints } = this.state;
    return constraints.user && constraints.environment;
  }

  closeStream() {
    const { stream } = this.state;
    if (!stream) {
      return false;
    }

    for (const track of stream.getTracks()) {
      track.stop();
    }
  }
```

6.MediaStream.stop()は廃止され一括で停止できなくなったため、すべてのトラックを読み出してMediaStreamTrack.stop()する必要があります

```
  onToggleFacingMode = () => {
    if (this.canToggleFacingMode) {
      this.closeStream();
      this.setState(({ facingMode: current }) => ({
        stream: null,
        facingMode: current === 'user' ? 'environment' : 'user',
      }));
    }
  };

  render() {
    const { stream, facingMode } = this.state;

    return (
      <Layout>
        <CameraView srcObject={stream} facingMode={facingMode} />
        <CameraController
          onClickShutter={this.onClickShutter}
          onToggleFacingMode={this.onToggleFacingMode}
          disabledToggleFacingMode={!this.canToggleFacingMode}
        />
      </Layout>
    );
  }
}
```

3.3 ズーム機能を実装する

ズームスライダーを作る

つづいて、ズーム機能を実装してみましょう。まずは、ズーム率を調整するスライダーを`<input type="range">`で作ります。スライダーのデザインは、図3.3のように、スライダー幅の`track`とハンドル部分の`thumb`に分かれます。それぞれが擬似要素セレクターからスタイルを当てることができますが、この疑似要素セレクターの名前はブラウザーごとに異なります（表3.1）。

図3.3:<input type="range">のパーツ

表3.1:<input type="range">の疑似要素セレクター

ブラウザー	::range-track	::range-thumb
Firefox	::-moz-range-track	::-moz-range-thumb
Chrome / Safari	::-webkit-slider-runnable-track	::-webkit-slider-thumb
IE / Edge	::-ms-track	::-ms-thumb

これを踏まえた上で、図3.4のようなスタイルを書いていきます。まずは、grid-template-areasでボタンの上にズームスライダーを乗せるように指定します。.zoom-slider-wrapperで、アイコンとスライダーの配置をCSS Gridで作ります。アイコンを1remとしたとき、<input type="range">が中央になるように右側にも1remを入れます。

.zoom-sliderが<input type="range">に当てるスタイルです。CSSセレクターをつけるときに、複数をカンマで並べる記法がありますが、今回の疑似要素セレクターをその記法で書くとうまく適用されません。疑似要素セレクターごとにわけて同じスタイルを書きます。

図3.4: ズームスライダー

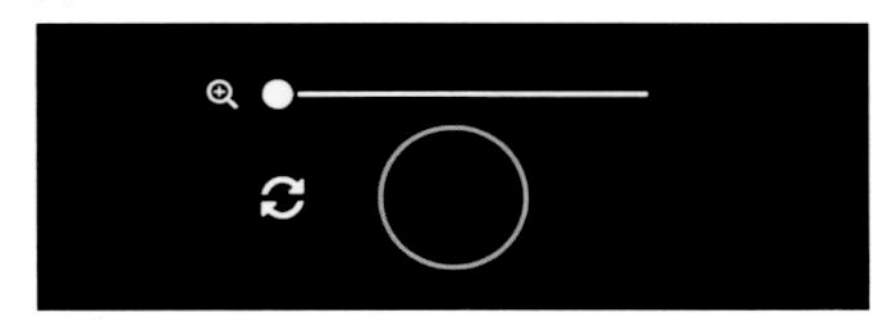

src/components/camera/CameraController.css

```
.base {
  grid-template-areas:
    '..... zoom-slider zoom-slider zoom-slider .....'
    '..... facing-mode-button shutter-button ..... .....';
}

.zoom-slider-wrapper {
  display: grid;
  grid-area: zoom-slider;
  grid-template-columns: 1rem 1fr 1rem;
  grid-column-gap: 10px;
  align-items: center;
}

.zoom-slider {
  margin: 15px 0;
  outline: none;
  -webkit-appearance: none;
```

```
  &::-webkit-slider-runnable-track {
    height: 3px;
    padding-top: 1.5px;
    cursor: pointer;
    background-color: white;
    border-radius: 50%;
  }
  &::-moz-range-track {
    /* 同上 */
  }
  &::-ms-track {
    /* 同上 */
  }

  &::-webkit-slider-thumb {
    width: 20px;
    height: 20px;
    margin-top: -10px;
    cursor: pointer;
    background-color: white;
    border: 2px solid black;
    border-radius: 50%;
    -webkit-appearance: none;
  }
  &::-moz-range-thumb {
    /* 同上 */
  }
  &::-ms-thumb {
    /* 同上 */
  }
}
```

<CameraController>に<input type="range">を入れます。外側が.zoom-slider-wrapperで、そのなかに<FontAwesomeIcon>と<input type="range">が入る形になります。

src/components/camera/CameraController.js

```
import { faSearchPlus, faSyncAlt } from '@fortawesome/free-solid-svg-icons';

const CameraController = (props) => {
  // ...
  return (
```

```
    <div className={styles.base}>
      <div className={styles.zoomSliderWrapper}>
        <FontAwesomeIcon icon={faSearchPlus} />
        <input type="range" className={styles.zoomSlider} />
      </div>
      {/* 省略 */}
    </div>
  );
};
```

ズームを操作する

つづいては、ズームの最大値を取得しましょう。`getSupportedConstraints()`を使うと、デバイスが対応している条件が取得できます。この時点で、`zoom`がない場合はズーム機能が使えませんので、`null`を返しておきます。

トラックに対して`getCapabilities()`を使うと、上限・下限などの設定できる条件が取得できます。2019年2月現在、Firefoxでは実装されていないため、フォールバックも書いておきましょう[7]。また、`getCapabilities()`は一旦再生しないと一部の情報しか取得できません。これらを踏まえて、ズーム率の範囲を取得する`getZoomRange()`を作ります。

src/helpers/getZoomRange.js

```
import createVideoElement from '~/helpers/createVideoElement';

/** @param {MediaStream} stream */
async function getZoomRange(stream) {
  const supported = navigator.mediaDevices.getSupportedConstraints();
  if (!supported.zoom) {
    return null;
  }

  const [track] = stream.getVideoTracks();
  if (!('getCapabilities' in track)) {
    // For Firefox
    return { min: 1, max: 2, step: 0.1 };
  }

  // Playing once for getting track info
  const videoEl = await createVideoElement(stream);
  videoEl.remove();
```

7.https://www.chromestatus.com/feature/5145556682801152

```
  const capabilities = track.getCapabilities();
  return capabilities.zoom;
}

export default getZoomRange;
```

<CameraController>で、ズーム率の範囲と現在のズーム率を受け取ります。getZoomRangeで得られる情報は、min、maxそしてstepです。これらのプロパティーをそのまま<input type="range">に与えれば、ズームスライダーの設定ができます。onChange属性にonChangeZoomメソッドを与えることで、変更ごとに値を送ることができます。一方で、zoomRangeがnullだった場合は、ズームスライダー自体を表示しないようにしておきます。

src/components/camera/CameraController.js

```
/**
 * @typedef Props
 * @property {number} [zoom]
 * @property {*} [zoomRange]
 * @property {(ev: any) => any} onChangeZoom
 */

/** @type {React.FC<Props>} */
const CameraController = (props) => {
  const {
    zoom = 1,
    zoomRange,
    onChangeZoom,
    /* 省略 */
  } = props;

  return (
    <div className={styles.base}>
      {zoomRange && (
        <div className={styles.zoomSliderWrapper}>
          <FontAwesomeIcon icon={faSearchPlus} />
          <input
            type="range"
            value={zoom}
            min={zoomRange.min}
            max={zoomRange.max}
            step={zoomRange.step}
```

```
            onChange={onChangeZoom}
            className={styles.zoomSlider}
          />
        </div>
      )}
      {/* 省略 */}
    </div>
  );
};
```

さいごに<CameraPage>を書き換えます。updateStream()の最後で、ズーム率の範囲をStateに保存しておきます。ズーム率が変更されると、onChangeZoomが実行されます。MediaTrack.applyConstraints()は、既にあるMediaTrackの設定を変えるためのメソッドです。このメソッドでは、通常の設定の他にadvancedプロパティーが渡せます。advancedプロパティーでは、通常の設定以外のzoomやtorchなどの画像向けのプロパティー[8]を追加で指定できます。advancedは配列でいくつかの条件を入れ、その条件の中でデバイスが可能であるものが適用されます。どの条件も実現できない場合には、例外が返されるようになっています。

src/components/camera/CameraPage.js

```
import getZoomRange from '~/helpers/getZoomRange';

/**
 * @typedef State
 * @property {number} zoom
 * @property {*} zoomRange
 */

/** @extends {React.Component<{}, State>} */
class CameraPage extends React.Component {
  /** @type {State} */
  state = {
    zoom: 1,
    zoomRange: null,
    /* 省略 */
  };

  async updateStream() {
    const { constraints, facingMode } = this.state;
    /* 省略 */
```

8.https://developer.mozilla.org/en-US/docs/Web/API/MediaTrackConstraints#Properties_of_image_tracks

```
    const stream = await navigator.mediaDevices.getUserMedia({
      video: constraints[facingMode],
    });
    const zoomRange = await getZoomRange(stream);
    this.setState({ stream, zoomRange, zoom: 1 });
  }

  /** @param {React.ChangeEvent<HTMLInputElement>} ev */
  onChangeZoom = async (ev) => {
    const zoom = ev.target.value;
    this.setState({ zoom });

    const { stream } = this.state;
    const [track] = stream.getVideoTracks();
    await track.applyConstraints({
      advanced: [{ zoom }],
    });
  };

  render() {
    const { stream, facingMode, zoom, zoomRange } = this.state;

    return (
      <Layout>
        <CameraView srcObject={stream} facingMode={facingMode} />
        <CameraController
          zoom={zoom}
          zoomRange={zoomRange}
          onChangeZoom={this.onChangeZoom}
          {/* 省略 */}
        />
      </Layout>
    );
  }
}
```

これでズーム機能の完成です！実際の画面でスライダーを動かしてみてください。写真を撮っても、しっかり拡大された画像になっているはずです。

3.4 シャッター音をつける

ここまで作ったカメラで何回か撮影をして、まだ物足りなさを感じると思います。そう！シャッター音です。写真を撮ったという感覚を演出するためにシャッター音を実装してみましょう。シャッター音は、ライセンスフリーな音源を探して保存しておきます[9]。

ファイルを読み込むためには、ファイルの配信とファイルパスの設定が必要です。その両方を手助けしてくれるwebpackのローダーが`file-loader`[10]です。`import`で指定したファイルを出力先にコピーし、出力先のパスを`import`したときのオブジェクトとして返します。今回は`.mp3`ファイルを読み込むように設定します。

```
$ yarn add --dev file-loader
```

webpack.config.js

```
const config = {
  module: {
    rules: [
      {
        test: /\.mp3$/,
        use: ['file-loader'],
      },
    ],
  },
};
```

設定ができたら、`<CameraPage>`でシャッター音を鳴らすようにします。新しく`src/assets`フォルダーを作り、`shutter-effect.mp3`として音源ファイルを置きます。音源ファイルを`SHUTTER_EFFECT_PATH`として`import`することで、ファイルパスを取得します。ページの末尾に`<audio>`を入れて、`SHUTTER_EFFECT_PATH`を読み込ませます。このとき、`preload`属性をつけておくと、ファイルを事前に読み込んでくれてスムーズに音を鳴らせます。あとからDOMを操作できるように、`shutterEffectRef`を`ref`として設定しておきます。

一般的にスマートフォンでの`<audio>`は、ユーザーイベントによるコールバックから呼び出した中でしか再生できません[11]。シャッターボタンをクリックしたときのコールバックである`onClickShutter`で音を鳴らすようにします。2枚目以降は既に音が再生済みになるため、`currentTime`で先頭に巻き戻してから、`play()`で再生します。

これでシャッター音が追加されて、よりカメラらしくなってきました。次章ではEXIFデータについて解説します。

---

9. 作例では https://freesound.org/s/61059/ を使っています

10. https://github.com/webpack-contrib/file-loader

11. https://developer.mozilla.org/en-US/docs/Web/Media/Autoplay_guide#Autoplay_availability

src/components/camera/CameraPage.js

```
import SHUTTER_EFFECT_PATH from '~/assets/shutter-effect.mp3';

class CameraPage extends React.Component {
  shutterEffectRef = React.createRef();

  onClickShutter = async () => {
    this.shutterEffectRef.current.currentTime = 0;
    this.shutterEffectRef.current.play();
    /* 省略 */
  };

  render() {
    const { stream, facingMode, zoom, zoomRange } = this.state;

    return (
      <Layout>
        {/* 省略 */}
        <audio
          preload="auto"
          src={SHUTTER_EFFECT_PATH}
          ref={this.shutterEffectRef}
        />
      </Layout>
    );
  }
}
```

第4章　EXIFをつけよう

さて、ここまでで撮影された画像は`canvas.toBlob()`から生成されたものです。これらの画像は画面キャプチャと同じで、EXIFのようなメタデータが一切含まれていないJPEGになっています。一般的に、カメラアプリでは撮影日時とGPS情報は含めるのが一般的です。この章ではEXIFの仕様をサラッと学びつつ、EXIFを追加するライブラリーの`piexifjs`[1]を解説をします。

4.1　EXIFの仕様

EXIFとは、"**Exchangeable image file format**"と呼ばれる日本生まれのメタデータ形式です。現在は、EXIF v2.3が最新バージョンになります。仕様書は日本語で書かれたもの[2]があるので、詳しく知ることもできます。本書では、EXIFをつけるために必要な最低限の知識を解説するのみに留めますので、詳しくは仕様を参照してください。

EXIFのデータ型は全部で8種類ありますが、表4.1にあるものを把握すれば十分です。少し特殊なのが`RATIONAL`で、`LONG`ふたつを使って分数を表します。例えば、`7/100`を表すならば、`[7, 100]`の順に値が入ります。

表4.1: EXIFのデータ型

	説明
BYTE	8bit符号なし整数
ASCII	ASCII（NULL終端）
SHORT	16bit符号なし整数
LONG	32bit符号なし整数
RATIONAL	分子・分母の順で並ぶLONGふたつ
UNDEFINED	フィールド定義による

EXIFには必須のプロパティーがいくつかあります。JPEGの場合は、仕様書の『4.6.8 記載対応レベル』にある『圧縮』で二重丸になっているプロパティーが必須になります。表4.2がJPEGにおける必須プロパティーです。高度なことをしない限りは基本的にデフォルト値のままで良いでしょう。

1. https://github.com/hMatoba/piexifjs
2. http://www.cipa.jp/std/documents/j/DC-008-2012_J.pdf

表4.2: EXIFの必須プロパティー

	説明	デフォルト
XResolution	画像の幅の解像度	72
YResolution	画像の高さの解像度	72
ResolutionUnit	解像度の単位	2 ("inch")
YCbCrPositioning	YCbCrの画素構成	1
ExifVersion	EXIFバージョン	"0230"
ComponentsConfiguration	各コンポーネントの意味	[1, 2, 3, 0]
FlashpixVersion	対応Flashpix	"0100"
ColorSpace	色空間	1
PixelXDimension	実効画像幅	
PixelXDimension	実効画像高さ	

4.2 piexifjsでEXIFを設定する

piexifjsというライブラリーを使うと、EXIFの設定が簡単にできます。まずはpiexifjsをインストールしましょう。また、EXIFに入れる日時を仕様に沿った文字列にするため、時刻操作に特化したライブラリーであるdayjs[3]も入れておきます。

```
$ yarn add piexifjs dayjs
```

piexifjsで早速EXIFをつけていきたいところですが、piexifjsは入出力がBinary String[4]になっています。TypedArrayが登場する以前は、JavaScriptでバイナリーデータを扱うためには文字列として読み込む必要がありました。現在ではTypedArrayのほうが動作も速くバグも起きにくいためあまり見かけなくなりましたが、古くからあるライブラリーではBinary Stringを使っているものがいくつかあります。

まずは、BlobとBinary Stringの相互変換を作ります。createFromBlob()では、FileReaderクラスを経由して、BlobからBinary Stringを作ります。EventListenerを設定してFileReaderが読み込み終わるまで待ち、そのあと結果を返します。convertToBlob()では、1文字ずつ抽出してUint8Arrayに入れ替えます。Binary Stringは直接Blobへ入れるとUTF-8として扱われるため、期待する結果とは違うデータに変わってしまいます。そのため、一旦TypedArrayに入れてバイナリーとして認識させる必要があります。

3.https://github.com/iamkun/dayjs

4.https://developer.mozilla.org/en-US/docs/Web/API/DOMString/Binary

src/helpers/BinaryStringUtils.js

```
class BinaryStringUtils {
  /**
   * @param {Blob} blob
   * @returns {Promise<string>}
   */
  static async createFromBlob(blob) {
    const reader = new FileReader();
    await new Promise((resolve, reject) => {
      reader.addEventListener(’load’, resolve, { once: true });
      reader.addEventListener(’error’, reject, { once: true });
      reader.readAsBinaryString(blob);
    });
    return reader.result;
  }

  /**
   * @param {string} binaryString
   * @param {BlobPropertyBag} [options]
   */
  static convertToBlob(binaryString, options) {
    const length = binaryString.length;
    const buffer = new Uint8Array(length);
    for (let idx = 0; idx < length; idx++) {
      buffer[idx] = binaryString.charCodeAt(idx) & 0xff;
    }
    return new Blob([buffer], options);
  }
}

export default BinaryStringUtils;
```

つづいて、piexifjsをラップしたEXIFクラスを作ります。generateEXIFObject()では、必須プロパティーのデフォルト値、画像の縦横サイズ、撮影日時、画像の向きを入れます。撮影日時のフォーマットは、**日付時刻ともにコロン区切り**で日付と時刻の間にスペースを入れます。例えば、“2018/10/08T11:05:26.000+09:00”は“2018:10:08 11:05:26”になります。**ここで重要なのは、撮影日時はローカル時間で設定する点です。**タイムゾーン情報は含めないため、同じタイミングで撮影したとしても撮影する国によって撮影日時は時差分ズレることになります[5]。

5.GPSTimeStampにはUTC標準時を設定するため、GPSが有効であれば正確な撮影日時を得ることができます

src/helpers/EXIF.js

```
import piexif from 'piexifjs';
import dayjs from 'dayjs';

class EXIF {
  /**
   * @typedef EXIFOptions
   * @property {number} width
   * @property {number} height
   */

  /**
   * @param {EXIFOptions} options
   * @param {*} [exifObj]
   */
  constructor(options, exifObj) {
    this.exifObj = exifObj || EXIF.generateEXIFObject(options);
  }

  /** @param {EXIFOptions} options */
  static generateEXIFObject(options) {
    const now = dayjs();
    const dateTimeString = now.format('YYYY:MM:DD HH:mm:ss');

    const exifObj = {
      '0th': {
        [piexif.ImageIFD.XResolution]: [72, 1],
        [piexif.ImageIFD.YResolution]: [72, 1],
        [piexif.ImageIFD.ResolutionUnit]: 2,
        [piexif.ImageIFD.YCbCrPositioning]: 1,
        [piexif.ImageIFD.DateTime]: dateTimeString,
      },
      Exif: {
        [piexif.ExifIFD.ExifVersion]: '0230',
        [piexif.ExifIFD.DateTimeOriginal]: dateTimeString,
        [piexif.ExifIFD.DateTimeDigitized]: dateTimeString,
        [piexif.ExifIFD.ComponentsConfiguration]: '\x01\x02\x03\x00',
        [piexif.ExifIFD.FlashpixVersion]: '0100',
        [piexif.ExifIFD.ColorSpace]: 1,
        [piexif.ExifIFD.PixelXDimension]: options.width,
        [piexif.ExifIFD.PixelYDimension]: options.height,
```

```
    },
  };

  return exifObj;
 }
}

export default EXIF;
```

また、既にある画像からEXIFを抽出する`EXIF.extractFrom()`と、BlobにEXIFを追加する`insertTo()`を作っておきます。

src/helpers/EXIF.js

```
import BinaryStringUtils from '~/helpers/BinaryStringUtils';

class EXIF {
  /** @param {Blob} blob */
  static async extractFrom(blob) {
    const exifObj = piexif.load(await BinaryStringUtils.createFromBlob(blob));
    return new EXIF(null, exifObj);
  }

  /** @param {Blob} blob */
  async insertTo(blob) {
    const inserted = piexif.insert(
      piexif.dump(this.exifObj),
      await BinaryStringUtils.createFromBlob(blob),
    );
    return BinaryStringUtils.convertToBlob(inserted, { type: blob.type });
  }
}
```

保存されるタイミングで、EXIFが付与されるようにします。`captureImage()`で、現在の時刻と`HTMLVideoElement`の縦横サイズをEXIFに設定するようにします。これで画像に最低限のEXIF情報と撮影日時が記録されるようになりました。

src/helpers/captureImage.js

```
import createVideoElement from '~/helpers/createVideoElement';
import createImageBlob from '~/helpers/createImageBlob';
import EXIF from '~/helpers/EXIF';
```

```
/** @param {MediaStream} stream */
async function captureImage(stream) {
  const video = await createVideoElement(stream);
  const blob = await createImageBlob(video);

  const exif = new EXIF({
    width: video.videoWidth,
    height: video.videoHeight,
  });

  video.remove();
  return exif.insertTo(blob);
}

export default captureImage;
```

4.3 GPS情報をつける

GPS情報は、`navigator.geolocation.getCurrentPosition()`から取得できます。高精度のGPS情報が得るには、`enableHighAccuracy`を指定します。返り値は`Position`型で、これには位置情報を含む`Coordinates`型が含まれています。`Coordinates`型には、緯度である`latitude`と経度である`longitude`が含まれています。`getCurrentPosition()`はコールバックで結果が返ってくるため、扱いやすいように`Promise`にします。エラーが発生した場合は、空のオブジェクトを渡してフォールバックしておきます。

src/helpers/getGeolocation.js

```
/** @returns {Promise<Position>} */
async function getGeolocation() {
  return new Promise((resolve, reject) => {
    navigator.geolocation.getCurrentPosition(resolve, reject, {
      enableHighAccuracy: true,
    });
  }).catch(() => {
    // フォールバック
    return { coords: {} };
  });
}

export default getGeolocation;
```

latitudeとlongitudeからGPS情報を作ります。**EXIFのGPS情報には、UTC標準時でのタイムスタンプを指定する必要があります。**UTC標準時を作るためにutcOffset()でオフセット時間を取得して、現在の時間から引きます。GPSTimeStampは3つのRATIONAL型で時分秒を表します。緯度経度は度分秒表記で3つのRATIONAL型で指定しますが、これについてはpiexifjsにあるdegToDmsRational()メソッドを使えば生成できます。緯度経度の計算処理は単純な除算しかないので、興味があれば自分で実装してみるのも良いでしょう。

src/helpers/EXIF.js

```
const { degToDmsRational } = piexif.GPSHelper;

class EXIF {
  /**
   * @typedef EXIFOptions
   * @prop {number} width
   * @prop {number} height
   * @prop {number} [longitude]
   * @prop {number} [latitude]
   */

  /** @param {EXIFOptions} options */
  static generateEXIFObject(options = {}) {
    /* 省略 */

    if (options.latitude != null && options.longitude != null) {
      const utc = now.subtract(now.utcOffset(), 'minutes');

      Object.assign(exifObj, {
        GPS: {
          [piexif.GPSIFD.GPSVersionID]: [2, 3, 0, 0],
          [piexif.GPSIFD.GPSLatitudeRef]: options.latitude > 0 ? 'N' : 'S',
          [piexif.GPSIFD.GPSLatitude]: degToDmsRational(
            Math.abs(options.latitude),
          ),
          [piexif.GPSIFD.GPSLongitudeRef]: options.longitude > 0 ? 'E' : 'W',
          [piexif.GPSIFD.GPSLongitude]: degToDmsRational(
            Math.abs(options.longitude),
          ),
          [piexif.GPSIFD.GPSTimeStamp]: [
            [utc.hour(), 1],
            [utc.minute(), 1],
            [utc.second() * 1000 + utc.millisecond(), 1000],
```

```
        ],
        [piexif.GPSIFD.GPSDateStamp]: utc.format('YYYY:MM:DD'),
      },
    });
  }

  return exifObj;
 }
}
```

つづいて、captureImage()でgetGeolocation()を呼びます。位置情報はgeolocation.coordsに入っています。緯度経度情報のみを抜き出して、EXIFに追加しましょう。

src/helpers/captureImage.js

```
import getGeolocation from '~/helpers/getGeolocation';

/** @param {MediaStream} stream */
async function captureImage(stream) {
  const video = await createVideoElement(stream);
  const blob = await createImageBlob(video);
  const geolocation = await getGeolocation();

  const exif = new EXIF({
    width: video.videoWidth,
    height: video.videoHeight,
    latitude: geolocation.coords.latitude,
    longitude: geolocation.coords.longitude,
  });

  video.remove();
  return exif.insertTo(blob);
}
```

ブラウザーでGPS情報を得るには、初回にユーザーの承諾が必要です。つまり、撮影したときに初めてGPSを取得するとユーザーの承諾を促す画面が出てきてしまい、撮影してすぐに保存がされません。撮影時に承諾画面が出るとユーザー体験が悪くなります。そのため、あらかじめ<CameraPage>のマウント時に1度GPS情報を取得するようにして、ユーザーの承諾を得ておくようにしましょう。

src/components/camera/CameraPage.js

```
import getGeolocation from '~/helpers/getGeolocation';

class CameraPage extends React.Component {
  async initialize() {
    // Get geolocation for preventing alert
    await getGeolocation();

    /* 省略 */
  }
}
```

4.4 Orientation情報を追加する

画面の向きの計算方法

EXIFには、画像の向きを表す`Orientation`を保存できます。ブラウザーの画面が横に回転すると、多くのブラウザーではカメラ映像も横に回転します。そのため、撮った写真の向きは常に正しく、`Orientation`を使う必要がありません。一方で、デバイス側で画面回転をロックしている場合、多くのブラウザーの画面は常に縦方向となり、撮った写真の向きが実際の向きと変わってしまいます。**ここでは、画面回転ロックがかかっている前提で実装を進めます。**

撮った写真の向きはデバイスの向きに等しいので、デバイスの向きを取得すればよさそうです。例えば、ブラウザーの画面の向きを取得するAPIとして`screen.orientation.type`があります。しかし、画面回転ロックをかけている場合は画面の向きが常に縦になってしまいます。そこで、デバイスの傾き情報を取得する`OrientationSensor`[6]から、`Orientation`情報を計算します。

ここで、少しだけ座標系について説明します。`deviceorientation`イベントや`OrientationSensor`では、地球座標を基準にしてローカル座標がどの程度回転しているかを取得できます。それぞれの座標について図4.1を見ながら説明しましょう。地球座標は、X軸を東、Y軸を北、Z軸を地面と垂直方向とした座標系になります。一方でローカル座標は、X軸を画面と水平に伸びる横方向、Y軸は画面と水平に伸びる縦方向、Z軸は画面と垂直方向になります。

6.https://developer.mozilla.org/en-US/docs/Web/API/RelativeOrientationSensor

図 4.1: 地球座標とローカル座標

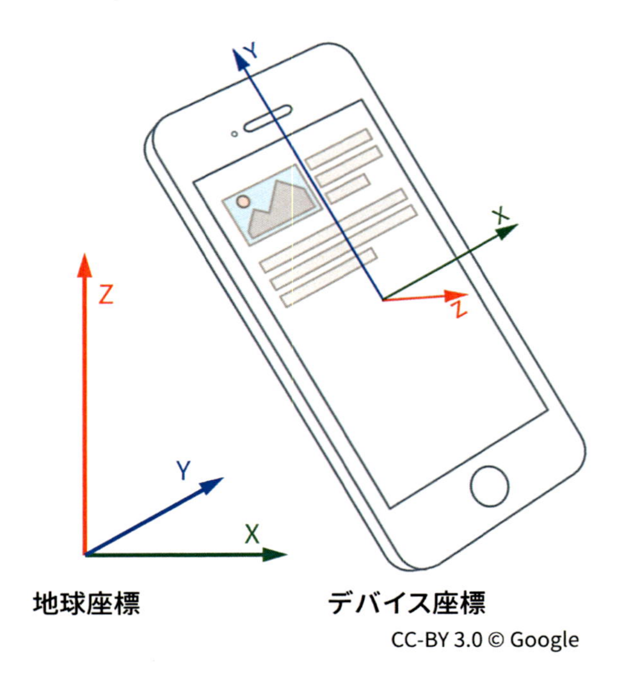

今回は使いませんが、`deviceorientation`イベントについても軽く触れておきます。`deviceorientation`イベントでは、`alpha`/`beta`/`gamma`の3つの回転角が取れます。W3C[7]の仕様では、地球座標に対してZ軸を中心軸に`alpha`度、X軸を中心軸に`beta`度、Y軸を中心軸に`gamma`度の順で回転させたものがローカル座標となる[8]としています。仕様書のExampleには、この回転角から座標の回転行列を計算する方法も載っています。

`OrientationSensor`は座標の回転行列を返してくれる`populateMatrix()`を備えています。地球座標を大文字`X`，`Y`，`Z`、ローカル座標を小文字`x`，`y`，`z`、回転行列を`m`とするとき、図4.2の計算式が成り立ちます。

図 4.2:`populateMatrix()`と座標変換

$$\begin{bmatrix} X \\ Y \\ Z \\ 1 \end{bmatrix} = \begin{bmatrix} m_0 & m_1 & m_2 & m_3 \\ m_4 & m_5 & m_6 & m_7 \\ m_8 & m_9 & m_{10} & m_{11} \\ m_{12} & m_{13} & m_{14} & m_{15} \end{bmatrix} \begin{bmatrix} x \\ y \\ z \\ 1 \end{bmatrix}$$

さて、話を戻してデバイスの向きを得るにはどうすればよいでしょうか。

例えば、スマートフォンの画面が地上へ垂直になるよう持っていると仮定します。このとき、ローカル座標のX軸の単位ベクトルを**“基準ベクトル”**と定めます。縦方向に持っているとき、地上に

7.https://w3c.github.io/deviceorientation/

8.Z-X'-Y'' オイラー角と呼びます

水平な方向に基準ベクトルが伸びています。デバイスを徐々に左方向に回転させていくと、図4.3のように斜め上の方向に伸びるようになります。ここで地球座標から基準ベクトルを見てみましょう。基準ベクトルの地球座標Z軸成分が正になっています。**つまり、ローカル座標X軸の単位ベクトルの地球座標Z軸成分をみれば、画面の傾きがわかります。**図4.3の点線部分がZ軸成分で、緑線の長さは単位ベクトルなので1になります。そこから傾きθを得るには、**（Z軸成分/1）**を`asin()`に掛けてください。

図4.3: ローカル座標のX軸単位ベクトルと地球座標

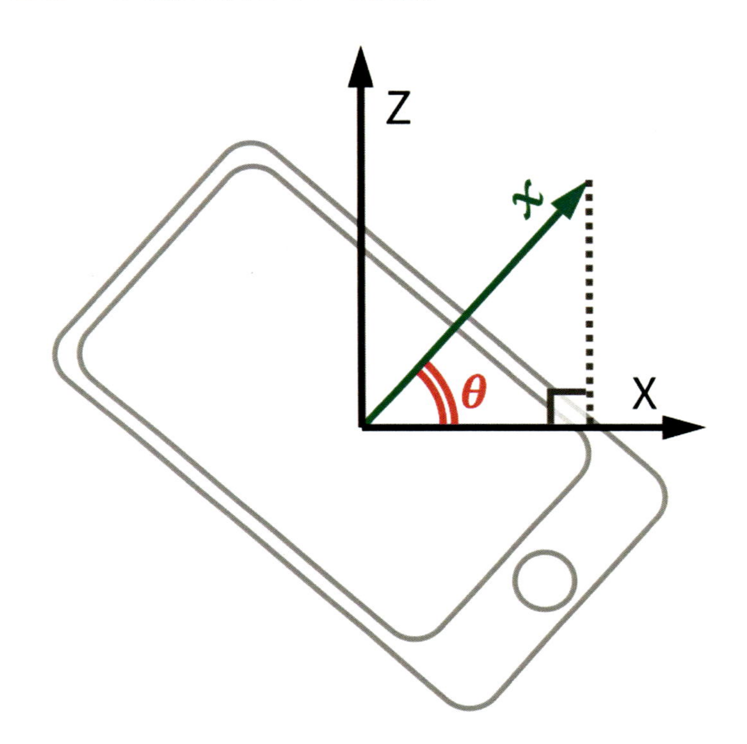

画面の向きを取得する

さっそく実装してみましょう。`OrientationSensor`は2019年2月現在Chromeのみでしか使えません。`deviceorientation`イベントを使ったPolyfill[9]があるため、これをインストールして使います。

```
$ yarn add motion-sensors-polyfill
```

Polyfillをまとめておく`src/polyfills.js`を作って、最初に読み込むようにします。

9.https://github.com/kenchris/sensor-polyfills

src/polyfills.js

```
import { RelativeOrientationSensor } from 'motion-sensors-polyfill';

window.RelativeOrientationSensor =
  window.RelativeOrientationSensor || RelativeOrientationSensor;
```

src/index.js

```
import '~/polyfills';
import '~/development';
```

傾きに変化があるときに、`RelativeOrientationSensor`から`populateMatrix()`を呼ぶようにします。`populateMatrix()`は、引数に渡した`Float32Array`にデータを格納します。

src/helpers/getOrientaion.js

```
const rotationMatrix = new Float32Array(16);
const orientationSensor = new RelativeOrientationSensor({
  referenceFrame: 'screen',
});

orientationSensor.addEventListener(
  'reading',
  () => orientationSensor.populateMatrix(rotationMatrix),
  { passive: true },
);
orientationSensor.start();
```

そのデータからEXIFの`Orientation`を返す`getOrientaion()`を作ります。EXIFの`Orientation`は、画像が左右反転していると値が変わるので、`facingMode`を渡して切り替えるようにします。先程の基準ベクトルのZ軸成分は、回転行列の9番目の要素になります。その値から角度を計算し、基準値以上であるかどうかで右回転・左回転を推定します。今回は20度を基準にしてみましょう。

src/helpers/getOrientation.js

```
const ORIENTATION = {
  environment: { normal: 1, right: 6, left: 8 },
  user: { normal: 2, right: 5, left: 7 },
};

/** @param {'user' | 'environment'} facingMode */
function getOrientation(facingMode) {
  const deg = Math.asin(rotationMatrix[8]) * (180 / Math.PI);
  const rotateDirection = deg > 20 ? 'left' : deg < -20 ? 'right' : 'normal';
```

```
  const orientation = ORIENTATION[facingMode][rotateDirection];
  return orientation;
}

export default getOrientation;
```

EXIFクラスのgenerateEXIFObject()内にある0thプロパティーにOrientation情報を追加します。撮影時にOrientation情報を推定し、EXIFとして付与しましょう。

src/helpers/EXIF.js

```
/* 一部抜粋 */

class EXIF {
  /**
   * @typedef EXIFOptions
   * @property {number} [orientation]
   */

  static generateEXIFObject(options) {
    const exifObj = {
      '0th': {
        [piexif.ImageIFD.Orientation]: options.orientation,
      },
    };

    return exifObj;
  }
}
```

src/helpers/captureImage.js

```
import getOrientation from '~/helpers/getOrientation';

/**
 * @param {MediaStream} stream
 * @param {'user' | 'environment'} facingMode
 */
async function captureImage(stream, facingMode) {
  const video = await createVideoElement(stream);
  const blob = await createImageBlob(video, facingMode);
  const geolocation = await getGeolocation();
```

```
  const exif = new EXIF({
    width: video.videoWidth,
    height: video.videoHeight,
    latitude: geolocation.coords.latitude,
    longitude: geolocation.coords.longitude,
    orientation: getOrientation(facingMode),
  });

  video.remove();
  return exif.insertTo(blob);
}
```

第5章　コンポーネントを整理しよう

5.1　コンポーネントを切り出す準備

Webカメラのための新しいページを作る前に、カメラ画面を汎用的なコンポーネントに整理しておきましょう。例えばこの後作るフィルター画面は、下方にフィルター用のボタンを置き、上方には保存と閉じるボタンを置くように設計します。図5.1をみると、カメラ画面のボタン部分が再利用できることがわかります。

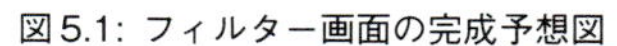
図5.1: フィルター画面の完成予想図

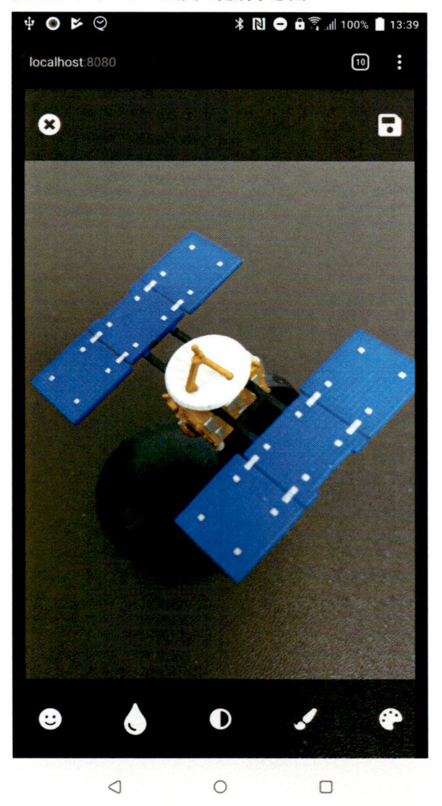

汎用的なコンポーネントを作るときには、クラス名を当てられるように組むのがポイントです。

スライダーを汎用的なコンポーネントに切り出すとき、スタイルをどう設定するか考えてみましょう。スライダーのデザインに関するスタイルは、汎用的なコンポーネント自体が持つようにします。しかし、スライダーの長さや位置など使う場面によって変わるスタイルは、使う側のコンポーネントから`className`を受け取るほうが使い勝手がよいでしょう。

受け取ったクラス名と持っているクラス名の両方を適用させるためには、複数のクラス名をひとつの文字列に結合する必要があります。ここでは、クラス名を結合するために便利なライブラリーのclasscat[1]を使います。

```
$ yarn add classcat
```

5.2 <ZoomSlider>

まずは小さなところからはじめましょう。スライダー部分を<ZoomSlider>として切り出してみます。min、max、stepをまとめてrangeとして受け取るようにします。そして、rangeがない場合は何もレンダリングしないようにnullを返します。それ以外は<CameraController>にあるスライダー部分とほぼ同じです。スタイルについても、クラス名を簡素にするだけでそのまま持ってきます。ただし、表示位置を決めるためのプロパティーであるgrid-areaは外から当てるようにします。

src/components/camera/ZoomSlider.js

```
import React from 'react';
import cc from 'classcat';
import { FontAwesomeIcon } from '@fortawesome/react-fontawesome';
import { faSearchPlus } from '@fortawesome/free-solid-svg-icons';
import styles from './ZoomSlider.css';

/**
 * @typedef Props
 * @property {number} value
 * @property {*} range
 * @property {(ev: any) => any} onChange
 * @property {string} [className]
 */

/** @type {React.FC<Props>} */
const ZoomSlider = (props) => {
  if (!props.range) {
    return null;
  }

  return (
    <div className={cc([styles.base, props.className])}>
      <FontAwesomeIcon icon={faSearchPlus} />
```

1.https://github.com/jorgebucaran/classcat

```
      <input
        type="range"
        value={props.value}
        min={props.range.min}
        max={props.range.max}
        step={props.range.step}
        onChange={props.onChange}
        className={styles.slider}
      />
    </div>
  );
};

export default ZoomSlider;
```

src/components/camera/ZoomSlider.css

```
.base {
  /**
   * CameraController.cssの.zoom-slider-wrap
   * （ただし、grid-areaは除く）
   */
}

.slider {
  /**
   * CameraController.cssの.zoom-slider
   */
}
```

つづいて、`<CameraController>`にあるスライダー部分を`<ZoomSlider>`に置き換えます。`<CameraController>`では使わなくなった`faSearchPlus`を消しておきます。また、スライダーに当てるクラス名は`.zoom-slider`にして、`.zoom-slider-wrapper`は不要なので消します。`.zoom-slider`のスタイルは位置を決めるための`grid-area`以外はすべて移行したため、整理しておきます。

src/components/camera/CameraController.js

```
import { faSyncAlt } from '@fortawesome/free-solid-svg-icons';

import ZoomSlider from '~/components/camera/ZoomSlider';

/** @type {React.FC<Props>} */
const CameraController = (props) => {
```

```
  /* 省略 */

  return (
    <div className={styles.base}>
      {zoomRange && (
        <ZoomSlider
          value={zoom}
          range={zoomRange}
          onChange={onChangeZoom}
          className={styles.zoomSlider}
        />
      )}
      {/* 省略 */}
    </div>
  );
};
```

src/components/camera/CameraController.css

```
.zoom-slider {
  grid-area: zoom-slider;
}
```

5.3 <ControllerButton>

つぎにボタン部分を`<ControllerButton>`として分離します。ボタンには`FontAwesomeIcon`を使った機能ボタンと、`<div>`で丸を作ったシャッターボタンがありました。`icon`プロパティーで`React.Element`が渡された場合はそのまま、アイコンデータが渡された場合は`<FontAwesomeIcon>`をレンダーするようにします。また、それ以外のプロパティーは`<button>`と同じものを使えるように、受け取ったプロパティーをすべて`<button>`に受け渡します。

`.facing-mode-button`のスタイルから、先程と同様に`grid-area`を除いたものを当てます。ついでに、ボタンが選択されているかがわかる機能も一緒に実装します。選択されているかどうかを`data-selected`で持っておいて、選択されている場合は色を変えるようにします。

src/components/common/ControllerButton.js

```
import React from 'react';
import cc from 'classcat';
import { FontAwesomeIcon } from '@fortawesome/react-fontawesome';

import styles from './ControllerButton.css';
```

```
/**
 * @typedef Props
 * @property {*} [icon]
 */

/** @type {React.FC<React.ButtonHTMLAttributes<HTMLButtonElement> & Props>} */
const ControllerButton = (props) => {
  const { icon, ...rest } = props;

  return (
    <button {...rest} className={cc([styles.base, props.className])}>
      {React.isValidElement(icon) ? (
        icon
      ) : (
        <FontAwesomeIcon className={styles.icon} icon={icon} />
      )}
    </button>
  );
};

export default ControllerButton;
```

src/components/common/ControllerButton.css

```
.base {
  /**
   * CameraController.cssの.facing-mode-button
   * （ただし、grid-areaは除く）
   */

  &[data-selected='true'] {
    color: gold;
  }
}

.icon {
  /**
   * CameraController.cssの.button-icon
   */
}
```

<CameraController>のボタンを<ControllerButton>で置き換えます。<button>と同じプロパ

ティーを使えるようにしたため、基本的には既に設定しているプロパティーを移します。シャッターボタンはボタン部分とアイコン部分を分けてスタイルを作ります。そして、アイコン部分をiconプロパティーで渡します。

src/components/camera/CameraController.js

```
import ControllerButton from '~/components/common/ControllerButton';

const CameraController = (props) => {
  /* 省略 */

  return (
    <div className={styles.base}>
      {/* 省略 */}
      <ControllerButton
        icon={<div className={styles.shutterIcon} />}
        onClick={onClickShutter}
        className={styles.shutterButton}
      />
      <ControllerButton
        icon={faSyncAlt}
        disabled={disabledToggleFacingMode}
        onClick={onToggleFacingMode}
        className={styles.facingModeButton}
      />
    </div>
  );
};
```

src/components/camera/CameraController.css

```
.shutter-button {
  grid-area: shutter-button;
}

.shutter-icon {
  width: 100%;
  background-color: black;
  border: white solid 3px;
  border-radius: 50%;
  opacity: 0.75;

  &:active {
    background-color: gray;
```

```
  }

  &::before {
    display: block;
    padding-top: 100%;
    content: '';
  }
}

.facing-mode-button {
  grid-area: facing-mode-button;
}
```

5.4 <ControllerGrid>

CSS Gridの部分を`<ControllerGrid>`に分離します。`<CameraController>`のスタイルを踏襲しますが、使いやすいように工夫してみます。今まで位置を決めるためにわざわざクラス名を作って`grid-area`を指定していました。これを`data-grid-area`プロパティーで指定できるようにします。ボタンを並べるだけであれば、クラス名を作る手間が省けて便利になります。

src/components/common/ControllerGrid.js

```
import React from 'react';
import cc from 'classcat';

import styles from './ControllerGrid.css';

/** @type {React.FC<*>} */
const ControllerGrid = (props) => (
  <div {...props} className={cc([styles.base, props.className])} />
);

export default ControllerGrid;
```

src/components/common/ControllerGrid.css

```
.base {
  display: grid;
  grid-template-areas: 'left middle-left middle middle-right right';
  grid-template-columns: repeat(5, minmax(0, 1fr));
  grid-column-gap: 10px;
  justify-content: space-around;
```

```
  width: 100%;
  max-width: calc(20vh * 5 + 10px * 4);
  margin: auto;

  & > [data-grid-area='left'] {
    grid-area: left;
  }
  & > [data-grid-area='middle-left'] {
    grid-area: middle-left;
  }
  & > [data-grid-area='middle'] {
    grid-area: middle;
  }
  & > [data-grid-area='middle-right'] {
    grid-area: middle-right;
  }
  & > [data-grid-area='right'] {
    grid-area: right;
  }
}
```

そして、この<ControllerGrid>でスライダーとボタンを囲みます。ここでボタンのクラスを外して、data-grid-areaで位置を指定します。一方、スライダーは複数の区画に跨がっていたので、この方法では位置が指定できません。そこでスライダーはスタイルを書き換えて対応しましょう。grid-columnを使うと、始点と終点で囲まれたエリアに跨がって配置できます（図5.2）。今回の例では、middle-leftからmiddle-rightまでの領域に配置します。

図5.2: grid-columnによる複数エリアの指定

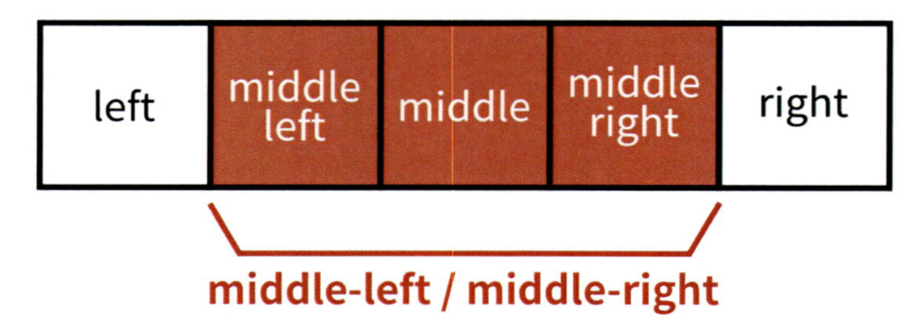

src/components/camera/CameraController.js

```
import ControllerGrid from '~/components/common/ControllerGrid';

const CameraController = (props) => {
```

```
  return (
    <div className={styles.base}>
      <ControllerGrid>
        {/* ZoomSlider */}
      </ControllerGrid>
      <ControllerGrid>
        <ControllerButton
          icon={<div className={styles.shutterIcon} />}
          onClick={onClickShutter}
          data-grid-area="middle"
        />
        <ControllerButton
          icon={faSyncAlt}
          disabled={disabledToggleFacingMode}
          onClick={onToggleFacingMode}
          data-grid-area="middle-left"
        />
      </ControllerGrid>
    </div>
  );
};
```

src/components/camera/CameraController.css

```
.base {
  position: absolute;
  right: 0;
  bottom: 0;
  width: 100%;
  padding: 25px 0;
  margin: auto;
  background-color: rgba(0, 0, 0, 0.5);
}

.zoom-slider {
  grid-column: middle-left / middle-right;
}
```

5.5 <ControllerWrapper>

さいごに、コントローラーの背景部分を`<ControllerWrapper>`に切り出します。このとき、

data-positionで上下の位置を変えられるようにします。そして、<CameraController>の外側の<div>を置き換えます。これで一通り切り分けることができました。

src/components/common/ControllerWrapper.js

```
import React from 'react';
import cc from 'classcat';

import styles from './ControllerWrapper.css';

/** @type {React.FC<*>} */
const ControllerWrapper = (props) => (
  <div {...props} className={cc([styles.base, props.className])} />
);

export default ControllerWrapper;
```

src/components/common/ControllerWrapper.css

```
.base {
  /**
   * CameraController.cssの.base
   */

  &[data-position='top'] {
    top: 0;
  }
  &[data-position='bottom'] {
    bottom: 0;
  }
}
```

src/components/camera/CameraController.js

```
import ControllerWrapper from '~/components/common/ControllerWrapper';

const CameraController = (props) => {
  return (
    <ControllerWrapper data-position="bottom">
      {/* 省略 */}
    </ControllerWrapper>
  );
};
```

5.6 <Loading>

コンポーネントの整理はこれで終わりですが、もうひとつだけコンポーネントを作っておきます。

これから先の作業で、何かの処理を待たされる場面がいくつか出てきます。そのとき画面に何も表示されないと、ユーザーは動いているのかどうかわからなくなってしまいます。そこで、処理中であることを示す`<Loading>`コンポーネントを作りましょう。`<Loading>`には`loading`プロパティーを渡せるようにして、`true`のときだけレンダリングします。

src/components/common/Loading.js

```
import React from 'react';
import { FontAwesomeIcon } from '@fortawesome/react-fontawesome';
import { faSpinner } from '@fortawesome/free-solid-svg-icons';
import styles from './Loading.css';

import Layout from '~/components/common/Layout';

/**
 * @typedef Props
 * @property {boolean} [loading]
 */

/** @type {React.FC<Props>} */
const Loading = ({ loading }) =>
  !loading ? null : (
    <Layout>
      <div className={styles.base}>
        <FontAwesomeIcon icon={faSpinner} size="3x" pulse />
      </div>
    </Layout>
  );

export default Loading;
```

src/components/common/Loading.css

```
.base {
  position: absolute;
  top: 0;
  left: 0;
  display: flex;
  align-items: center;
  justify-content: center;
  width: 100%;
```

```
  height: 100%;
  background-color: rgba(0, 0, 0, 0.75);
}
```

第6章　フィルターを実装しよう

6.1　プレビュー画面を作る

<FilterPage>

　コンポーネントを整理したところで、次はプレビュー画面を作ります。まずは、保存ボタンとキャンセルボタンを`<FilterSaveController>`として作ります（図6.1）。これらのボタンは上方に配置したいため、`<ControllerWrapper>`の`data-position`で`top`を設定します。`<ControllerButton>`では、左にキャンセルボタン、右に保存ボタンとなるように`data-grid-area`を設定します。

図6.1: <FilterSaveController>

src/components/filter/FilterSaveController.js

```
import React from 'react';
import { faTimesCircle, faSave } from '@fortawesome/free-solid-svg-icons';

import ControllerWrapper from '~/components/common/ControllerWrapper';
import ControllerGrid from '~/components/common/ControllerGrid';
import ControllerButton from '~/components/common/ControllerButton';

/**
 * @typedef Props
 * @property {() => any} onCancel
 * @property {() => any} onSave
 */

/** @type {React.FC<Props>} */
const FilterSaveController = ({ onCancel, onSave }) => (
  <ControllerWrapper data-position="top">
    <ControllerGrid>
      <ControllerButton
        icon={faTimesCircle}
        onClick={onCancel}
        data-grid-area="left"
      />
      <ControllerButton
```

```
        icon={faSave}
        onClick={onSave}
        data-grid-area="right"
      />
    </ControllerGrid>
  </ControllerWrapper>
);

export default FilterSaveController;
```

同様にフィルターの切り替えボタンを`<FilterSelector>`として作ります（図6.2)。選んだフィルター名を`onSelect`で返すように、`onClick`にアロー関数を作ります。またフィルターを外すことができるように、同じフィルターが選ばれたときは`null`を返します。前章で`data-selected`でボタンの色を変えられるようにしたので、`filterType`で色を切り変えるようにします。まず中央のボタンだけを実装して、このあとフィルターが完成したらボタンを追加していきます。

図6.2: <FilterSelector> の完成予想図

src/components/filter/FilterSelector.js

```
import React from 'react';
import { faAdjust } from '@fortawesome/free-solid-svg-icons';

import ControllerWrapper from '~/components/common/ControllerWrapper';
import ControllerGrid from '~/components/common/ControllerGrid';
import ControllerButton from '~/components/common/ControllerButton';

/**
 * @typedef Props
 * @property {(filterType: string) => any} onSelect
 * @property {string} [filterType]
 */

/** @extends {React.Component<Props>} */
class FilterSelector extends React.Component {
  onSelectFilter = (filterType) => {
    const { onSelect, filterType: current } = this.props;

    if (current === filterType) {
```

```
      onSelect(null);
    } else {
      onSelect(filterType);
    }
  };

  render() {
    const { filterType } = this.props;

    return (
      <ControllerWrapper data-position="bottom">
        <ControllerGrid>
          <ControllerButton
            icon={faAdjust}
            onClick={() => this.onSelectFilter('grayscale')}
            data-selected={filterType === 'grayscale'}
            data-grid-area="middle"
          />
        </ControllerGrid>
      </ControllerWrapper>
    );
  }
}

export default FilterSelector;
```

これらのコンポーネントを使って、<FilterPage>を作ります。<CameraViewer>では<video>を全面にしていましたが、そのスタイルをそのまま使って<canvas>を全面にします。<canvas>にはフィルター後の画像を入れるため、あとから参照できるようにcanvasRefをつけておきます。

src/components/filter/FilterPage.js

```
import React from 'react';
import styles from './FilterPage.css';

import Layout from '~/components/common/Layout';
import FilterSelector from '~/components/filter/FilterSelector';
import FilterSaveController from '~/components/filter/FilterSaveController';

/**
 * @typedef State
 * @property {string | null} filterType
```

```
 */

/** @extends {React.Component<Props, State>} */
class FilterPage extends React.Component {
  /** @type {State} */
  state = {
    filterType: null,
  };

  /** @type {React.RefObject<HTMLCanvasElement>}*/
  canvasRef = React.createRef();

  render() {
    const { filterType } = this.state;

    return (
      <Layout>
        <canvas ref={this.canvasRef} className={styles.canvas} />
        <FilterSaveController onCancel={this.onCancel} onSave={this.onSave} />
        <FilterSelector
          filterType={filterType}
          onSelect={this.onSelectFilter}
        />
      </Layout>
    );
  }
}

export default FilterPage;
```

src/components/filter/FilterPage.css

```
.canvas {
  /**
   * CameraViewer.cssの.base
   */
}
```

initialize()ではBlobからImageBitmap[1]を作って、画像の縦横サイズを<canvas>に割り当てます。そして、最初の表示として無加工の写真を<canvas>に書き込んでおきます。

1.https://developer.mozilla.org/en-US/docs/Web/API/ImageBitmap

onSaveで<canvas>の画像をBlobにしますが、この時点ではEXIFが欠落しています。元の画像にあるEXIFを抽出して、再度適用する処理も一緒に書いておきます。

これで、残りはフィルターを適用する機能を作るだけになりました。

src/components/filter/FilterPage.js

```
import EXIF from '~/helpers/EXIF';

/**
 * @typedef Props
 * @property {Blob} blob
 * @property {() => any} onCancel
 * @property {(blob: Blob) => any} onSave
 */

/** @extends {React.Component<Props, State>} */
class FilterPage extends React.Component {
  componentDidMount() {
    this.initialize();
  }

  async initialize() {
    const { blob } = this.props;
    const image = await createImageBitmap(blob);

    const canvas = this.canvasRef.current;
    Object.assign(canvas, {
      width: image.width,
      height: image.height,
    });
    const ctx = canvas.getContext('2d');
    ctx.drawImage(image, 0, 0);
  }

  /** @param {string} filterType */
  onSelectFilter = (filterType) => {
    this.setState({ filterType });
  };

  onCancel = () => {
    this.props.onCancel();
  };
```

```
  onSave = async () => {
    const { blob: original } = this.props;
    const exif = await EXIF.extractFrom(original);

    const canvas = this.canvasRef.current;
    const blob = await new Promise((resolve) =>
      canvas.toBlob(resolve, 'image/jpeg'),
    );

    this.props.onSave(await exif.insertTo(blob));
  };
}
```

ページの切り替え

撮った写真を`<FilterPage>`に持っていくため、写真の`Blob`を`<App>`のStateで管理させます。`onTakePhoto()`で、`<CameraPage>`から`Blob`を受け取るようにします。また、`onCancelFilter()`と`onSave()`を用意して、撮った写真の`Blob`と一緒に`<FilterPage>`に渡します。ページは、Stateにある`page`プロパティーを見て、`render()`内の`switch`文で切り替えます。

src/App.js

```
import FilterPage from '~/components/filter/FilterPage';

/**
 * @typedef State
 * @property {Blob} [blob]
 * @property {'camera'} page
 */

/** @extends {React.Component<{}, State>} */
class App extends React.Component {
  /** @type {State} */
  state = {
    blob: null,
    page: 'camera',
  };

  /** @param {Blob} blob */
  onTakePhoto = (blob) => {
    this.setState({ blob, page: 'filter' });
  };
```

```
  onCancelFilter = () => {
    this.setState({ blob: null, page: 'camera' });
  };

  /** @param {Blob} blob */
  onSave = (blob) => {
    saveAs(blob, `${Date.now()}.jpg`);
    this.setState({ blob: null, page: 'camera' });
  };

  render() {
    const { page, blob } = this.state;

    switch (page) {
      case 'camera': {/* 省略 */}
      case 'filter': {
        return (
          <FilterPage
            blob={blob}
            onCancel={this.onCancelFilter}
            onSave={this.onSave}
          />
        );
      }
    }
  }
```

<CameraPage>では、アンマウント時にMediaStreamを開放するようにcomponentWillUnmount()内でcloseStream()を呼びます。そして、撮影時にはonTakePhoto()で<App>に写真のBlobを渡します。

src/components/camera/CameraPage.js

```
/**
 * @typedef Props
 * @property {(blob: Blob) => void} onTakePhoto
 */

/** @extends {React.Component<Props, State>} */
class CameraPage extends React.Component {
  componentWillUnmount() {
    this.closeStream();
```

```
  }

  onClickShutter = async () => {
    /* 省略 */
    const blob = await captureImage(stream, facingMode);
    this.props.onTakePhoto(blob);
  };
}
```

うまく組めていれば、写真撮影後にフィルター画面へと遷移するはずです。保存ボタンなども押してみて動いているか確認しましょう。

ImageBitmapの対応

ImageBitmapですが、2019年2月現在ChromeとFirefoxが対応しています。ImageBitmapを使う場面は、<canvas>.drawImage()で描画するときか、WebWorkerにデータを転送するときです。WebWorkerに転送する場合は、ブラウザーがOffscreenCanvasに対応している必要があります。

Safariでは、ImageBitmapとOffscreenCanvasはセットになって導入される予定です[2]。つまり、ImageBitmapのPolyfillを作るとすれば、<canvas>.drawImage()で描画するときだけ対応できれば問題ありません。

そこで<canvas>.drawImage()の引数として使えるImageを代わりとしてImageBitmapもどきを作ります。Blobか<canvas>が引数に渡されると想定して、限定的なcreateImageBitmapのPolyfillを作ってみましょう。

BlobからObject URLを作れば、Imageのsrcにできます。読み込み終わったら、Object URLを忘れずに破棄します。<canvas>の場合は、一度toBlob()でBlobに変換しておきます。

ImageをImageBitmapの代わりにするとき、サイズ周りで注意する点があります。ImageのサイズはnaturalWidthとnaturalHeightから得る必要があります。しかし、ImageBitmapではwidthとheightにサイズが割り当てられています。そのため、naturalWidthとnaturalHeightからサイズを取得して、Object.assignで再定義しておきます。

src/polyfills.js

```
if (!('createImageBitmap' in self)) {
  /** @param {Blob | HTMLCanvasElement} source */
  self.createImageBitmap = async (source) => {
    /** @type {Blob} */
    const blob = await new Promise((resolve) => {
      if (source instanceof HTMLCanvasElement) {
        source.toBlob(resolve, 'image/png');
      } else {
        resolve(source);
      }
    });

    const image = new Image();
    const waitLoadingPromise = new Promise((resolve, reject) => {
      image.addEventListener('load', resolve, { once: true });
      image.addEventListener('error', reject, { once: true });
    });

    const url = URL.createObjectURL(blob);
    image.src = url;
    await waitLoadingPromise;
    URL.revokeObjectURL(url);

    return Object.assign(image, {
      width: image.naturalWidth,
      height: image.naturalHeight,
    });
  };
}
```

2.Safariでは設定にある「実験的なWebKitの機能」から試すことができます

6.2 フィルターの仕様について

今回は、あとでWebWorkerでも動かせるようにするために、フィルターの仕様をしっかり決めておきます。WebWorkerに渡せるTransferable[3]なオブジェクトは、ArrayBuffer/MessagePort/ImageBitmap/OffscreenCanvasの4種類です。つまり、元の画像をImageBitmap、描画処理用の

3.https://developer.mozilla.org/ja/docs/Web/API/Transferable

Canvasを`OffscreenCanvas`として、引数に渡すのが良いでしょう。今回のフィルターは次のような関数として定義されます。

```
/**
 * @param {HTMLCanvasElement | OffscreenCanvas} canvas
 * @param {ImageBitmap} bitmap
 */
async function fitlerFunction (canvas, bitmap) {}
```

しかし、実際の元データは`Blob`になるため、`Blob`から`ImageBitmap`を作成させてからフィルターに通す必要があります。`applyFilter()`では、`createImageBitmap`で`Blob`を変換します。フィルター後の画像を出力するための`<canvas>`には、読み込んだ画像と同じサイズを設定します。このあと、`~/filters`にはフィルターをいくつか定義していきます。フィルター関数は`filters[filterType]`として取得でき、関数がない場合には同じ画像を返すようにします。

src/helpers/applyFilter.js

```
import * as filters from '~/filters';

/**
 * @param {Blob} blob
 * @param {string} filterType
 * @returns {Promise<ImageBitmap>}
 */
async function applyFilter(blob, filterType) {
  const bitmap = await createImageBitmap(blob);

  const canvas = document.createElement('canvas');
  Object.assign(canvas, {
    width: bitmap.width,
    height: bitmap.height,
  });

  const filterFn = filters[filterType];
  if (!filterFn) {
    return bitmap;
  } else {
    await filters[filterType](canvas, bitmap);
  }

  const result = await createImageBitmap(canvas);
  return result;
```

```
}

export default applyFilter;
```

6.3 JavaScriptでフィルターを実装する

まずは簡単なグレースケールフィルターを作ってみましょう。

`ImageBitmap`は単体では何もできませんが、`CanvasImageSource`になるので`ctx.drawImage()`に渡すことができます。そして、`ctx.getImageData()`によって`ImageData`に変換できます。

`ImageData`は`ImageData.data`に`Uint8ClampedArray`のバッファーがあり、バッファーから画像を加工することができます。このバッファーには、RGBとアルファ値の4つが連続して並んでいます。つまり、ピクセル単位で加工する際には4つずつデータを取得する必要があります。

加工し終わった`ImageData`をCanvasに渡したいところですが、`CanvasImageSource`ではないため`ctx.drawImage()`に渡すことはできません。そこで、代わりに`ctx.putImageData()`によってCanvasに貼り付けます。

グレースケールの計算ですが、単純に足し合わせて3で割る方法ではうまくいきません（図6.3）。一般的に青は暗く見え、緑は明るく見えます。そのため、RGBそれぞれの値について補正する必要があります。今回は、テレビ放送やJPEGなどで利用される"ITU-R BT.601"[4]に則って、輝度値Yを計算します。この輝度値をRGBに割り当ててグレースケール化します。

図6.3: 平均値とITU-R BT.601の違い

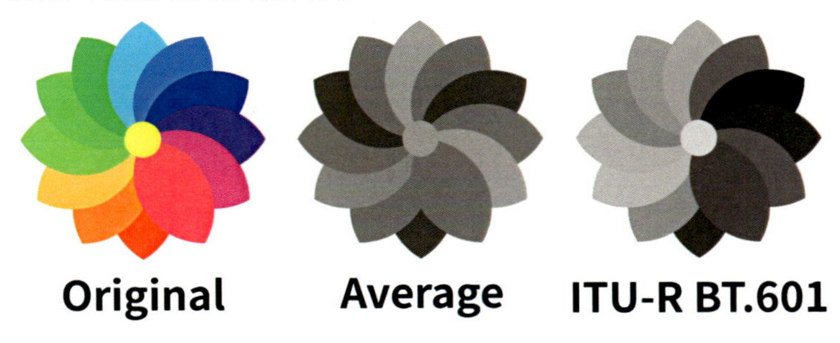

src/fitlers/purejs/grayscale.js

```
/**
 * @param {HTMLCanvasElement} canvas
 * @param {ImageBitmap} bitmap
 */
function grayscale(canvas, bitmap) {
  const ctx = canvas.getContext('2d');
```

4. 以前はCCIR 601と呼ばれていました

```
  ctx.drawImage(bitmap, 0, 0);

  const imageData = ctx.getImageData(0, 0, canvas.width, canvas.height);
  const buffer = imageData.data;

  for (let idx = 0; idx < buffer.length; idx += 4) {
    const [red, green, blue, alpha] = Array.from(buffer.slice(idx, idx + 4));
    const gray = Math.floor(0.299 * red + 0.587 * green + 0.114 * blue);
    buffer.set([gray, gray, gray, alpha], idx);
  }

  ctx.putImageData(imageData, 0, 0);
}

export default grayscale;
```

src/fitlers/index.js

```
import grayscale from '~/filters/purejs/grayscale';

export { grayscale };
```

<FilterPage>でフィルターを呼び出す処理を書きます。filterTypeが変わったらフィルターを適用して、返ってきたImageBitmapをdrawImage()します。フィルターを適用している間、読み込み画面<Loading>を表示するようにします。

src/components/filter/FilterPage.js

```
import Loading from '~/components/common/Loading';
import applyFilter from '~/helpers/applyFilter';

class FilterPage extends React.Component {
  /** @param {State} prevState */
  componentDidUpdate(_prevProps, prevState) {
    if (this.state.filterType !== prevState.filterType) {
      this.applyFilter();
    }
  }

  async applyFilter() {
    const { blob } = this.props;
    const { filterType } = this.state;
```

```
    const canvas = this.canvasRef.current;
    const ctx = canvas.getContext('2d');
    const result = await applyFilter(blob, filterType);
    ctx.drawImage(result, 0, 0);

    this.setState({ loading: false });
  }

  /** @param {string} filterType */
  onSelectFilter = (filterType) => {
    this.setState({ filterType, loading: true });
  };

  render() {
    const { filterType, loading } = this.state;

    return (
      <Layout>
        {/* 省略 */}
        <Loading loading={loading} />
      </Layout>
    );
  }
}
```

これでフィルターの完成です。中央のボタンを押して読み込み画面が表示されれば、フィルターが動いているはずです。**この実装ではかなり処理を待たされるので、気長に待ってください。**

6.4 WebGLでフィルターを実装する

次はWebGLでフィルターを作ります。WebGLでフィルターを書くとGPUで処理ができるため、高速なフィルター処理が実現できます。

本書では、Webで何ができるかを知ることが重要なので、ここでWebGLについての深い説明は行いません。3DCGなどの描画について知りたい方は"WebGL Fundamentals"[5]やMDN[6]などのドキュメントを参照してください。

最低限のWebGLについての知識

WebGLでは、**バーテックスシェーダー**と**フラグメントシェーダー**によって描画を行います。バー

5.h:tps://webglfundamentals.org/

6.h:tps://developer.mozilla.org/ja/docs/Web/API/WebGL_API/Tutorial

テックスシェーダーは、与えられた頂点を正規化して-1.0〜1.0の正規化デバイス座標に変換するための処理です。フラグメントシェーダーは、各画素に対する色情報の計算処理です。本書の例では同じサイズの画像へと出力し、複雑なマッピング処理はしないためフラグメントシェーダーを理解していれば十分です。

今回、画像データをテクスチャーとして読み込みます。テクスチャーの座標系は通常の画像エディターと同じく、画像の左上が原点にあり、X軸が右方向、Y軸が下方向に伸びていきます。一方で、バーテックスシェーダーが扱う座標はY軸が上方向に伸びていくため、**テクスチャー座標とはY軸座標が逆になります。** また、テクスチャー座標は0.0〜1.0の範囲で設定されますが、正規化デバイス座標は-1.0〜1.0の範囲になります。つまり、テクスチャー座標のままで色を割り当てると、図6.4のように1/4のサイズで上下反転した状態になってしまいます。

図6.4: テクスチャー座標と正規化デバイス座標

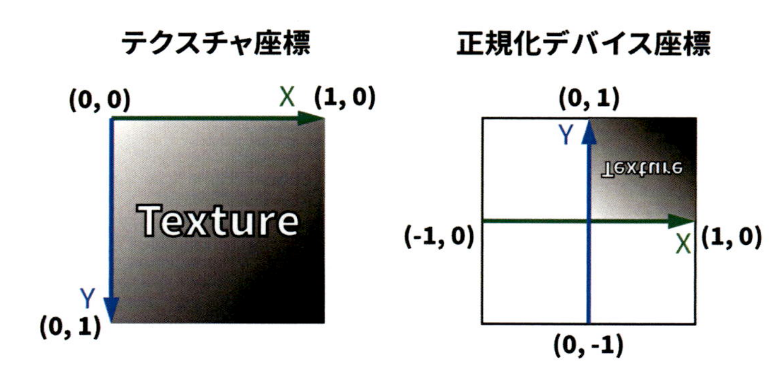

シェーダーを書く

図6.4のようなマッピングをするバーテックスシェーダーを書きます。`a_texCoord`は`attribute`変数で、テクスチャー座標が入ると考えてください。`attribute`変数とは、頂点ごとに渡されるデータです。`v_texCoord`は、`a_texCoord`をフラグメントシェーダーに渡すための`varying`変数です。フラグメントシェーダーでは`attribute`変数を扱えないため、バーテックスシェーダーから`varying`変数経由で値を渡す必要があります。

`a_texCoord`はテクスチャー座標なので、`[0.0, 1.0]`区間です。`a_texCoord`に2を掛けて1引くと、`[-1.0, 1.0]`区間に変換できます。さいごにY軸だけ反転させるために`vec2(1, -1)`をかけています。`gl_Position`に頂点座標を入れると、各頂点を結んだ面を走査してフラグメントシェーダーに座標が渡されます。

src/filters/webgl/default.vert

```
precision mediump float;

attribute vec2 a_texCoord;
varying vec2 v_texCoord;
```

```
void main() {
  v_texCoord = a_texCoord;
  gl_Position = vec4((a_texCoord * 2.0 - 1.0) * vec2(1, -1), 0, 1);
}
```

次にフラグメントシェーダーを書いてみます。uniform変数は、どの頂点にも共通するデータを渡すときに使います。今回はテクスチャーをsampler2D型で渡します。また、先程のバーテックスシェーダーからvarying変数として渡されたv_texCoordも宣言します。

テクスチャーから色を取得するには、texture2D()を使います。ここからRGB値を取得するのですが、WebGLのベクトル型には便利なプロパティーがあります。ベクトル型から.rgbとすれば、RGB値のみのvec3型が返ってきます。ほかにも、座標を入れてあるベクトル型に.xyとすれば、X-Y座標のvec2型が返ってきます。

ここで、JavaScriptで書いたグレースケールを思い出してみましょう。赤に0.299、緑に0.587、青に0.114を掛けて、足した数が輝度になっていました。WebGLでは行列計算が簡単にできるため、輝度の計算は行列の内積で表せます。

さいごにvec3()で3つのgrayが入ったベクトル型を作り、vec4()でアルファ値を追加します。gl_FragColorは、現在の座標における色を入れるための変数です。これでグレースケール処理が完成しました。

src/filters/webgl/grayscale.frag

```
precision mediump float;

uniform sampler2D u_texture;
varying vec2 v_texCoord;

void main() {
  vec4 color = texture2D(u_texture, v_texCoord);
  float gray = dot(color.rgb, vec3(0.299, 0.587, 0.114));
  gl_FragColor = vec4(vec3(gray), 1.0);
}
```

JavaScriptとWebGLのデータ受け渡し

まずはバーテックスシェーダーとフラグメントシェーダーの読み込み部分を準備します。シェーダーはテキストファイルであるため、そのままではJavaScriptから読み込めません。webpackのローダーであるraw-loader[7]を使ってテキストファイルを読み込めるようにしておきます。

7.https://github.com/webpack-contrib/raw-loader

```
$ yarn add --dev raw-loader
```

webpack.config.js

```
const config = {
  module: {
    rules: [
      {
        test: /\.(vert|frag)/,
        use: ['raw-loader'],
      },
    ],
  },
};
```

つづいて、JavaScriptからWebGLにデータを受け渡す部分を実装します。各頂点に渡されるデータを`attribute`変数、どの頂点でも共通で渡されるものを`uniform`変数と呼びます。それぞれのデータをWebGLのレンダリングエンジンに渡すには、すこし煩雑なコードを書く必要があります。`attribute`変数を定義する場合と、`uniform`変数を定義する場合の例を次に示します。

```
// バッファーをつくる
const vbo = gl.createBuffer();
// バッファーにデータを入れる
gl.bindBuffer(gl.ARRAY_BUFFER, vbo);
gl.bufferData(
  gl.ARRAY_BUFFER,
  new Float32Array([
    0.0, 0.0,
    1.0, 0.0,
    0.0, 1.0,
  ]),
  gl.STATIC_DRAW,
);

// attributeのロケーションを取ってくる
const loc = gl.getAttribLocation(program, 'a_attr');
// attributeを有効にする
gl.enableVertexAttribArray(loc);
// 1頂点でいくつのデータをどういう型で取ってくるのか決める
gl.vertexAttribPointer(loc, 2, gl.FLOAT, false, 0, 0);
// uniformのロケーションを取ってくる
```

```
const loc = gl.getUniformLocation(program, 'u_uniform');
// ふたつのfloatをuniform2fで渡す
gl.uniform2f(loc, gl.canvas.width, gl.canvas.height);
```

与える型によって関数が異なっていたり、Float32Array型で渡す必要があったりと、いくつも設定するとなると面倒が増えてしまいます。そのため、この処理を簡略にできるヘルパーライブラリーがいくつも作られています。今回は、gl-util[8]を使ってデータの受け渡しを書いていきます。

getContext('webgl')でWebGLコンテキストを取得します。program()にシェーダーを渡すことでWebGLコンテキストに紐づけます。attribute()でテクスチャー座標を渡します（このテクスチャー座標については後述します）。texture()でテクスチャー用のuniform変数を作って紐づけます。さいごにgl.drawArrays()で与えたattribute変数から計算して描画します。これについては次の節で解説します。

src/filters/webgl/grayscale.js

```
import glUtil from 'gl-util';

import vert from './default.vert';
import frag from './grayscale.frag';

/**
 * @param {HTMLCanvasElement} canvas
 * @param {ImageBitmap} bitmap
 */
function grayscale(canvas, bitmap) {
  const gl = canvas.getContext('webgl');

  glUtil.program(gl, vert, frag);
  glUtil.attribute(
    gl,
    'a_texCoord',
    /* prettier-ignore */
    [
      // Triangle A
      0.0, 0.0,
      0.0, 1.0,
      1.0, 1.0,
      // Triangle B
      0.0, 0.0,
      1.0, 1.0,
```

8.https://github.com/dy/gl-util

```
      1.0, 0.0,
    ],
  );
  glUtil.texture(gl, 'u_texture', bitmap);

  gl.drawArrays(gl.TRIANGLES, 0, 6);
}

export default grayscale;
```

さいごにJavaScriptのフィルターをWebGLのフィルターに置き換えますが、注意すべき点があります。WebGLのテクスチャーには、**縦横のサイズが2のべき乗でなければならない**という制約があります。そのため、渡す画像をあらかじめ2のべき乗サイズになるように加工します。

src/helpers/resizePowerOfTwo.js

```
/** @param {ImageBitmap} bitmap */
async function resizePowerOfTwo(bitmap) {
  const canvas = document.createElement('canvas');
  Object.assign(canvas, {
    width: Math.pow(2, Math.ceil(Math.log2(bitmap.width))),
    height: Math.pow(2, Math.ceil(Math.log2(bitmap.height))),
  });
  canvas.getContext('2d').drawImage(bitmap, 0, 0);

  const resized = await createImageBitmap(canvas);
  return resized;
}

export default resizePowerOfTwo;
```

src/helpers/applyFilter.js

```
import * as filters from '~/filters';
import resizePowerOfTwo from '~/helpers/resizePowerOfTwo';

async function applyFilter(blob, filterType) {
  const bitmap = await resizePowerOfTwo(await createImageBitmap(blob));
  /* 省略 */
}
```

WebGLのフィルターに置き換えたら、もう一度グレースケールフィルターを試してみます。JavaScriptの実装より格段に早く処理が終わると思います。

src/filters/index.js

```
import grayscale from '~/filters/webgl/grayscale';

export { grayscale };
```

座標の設定と面の作り方

WebGLでは座標から点、線、三角形しか作ることができません。今回は四角い画像を処理したいため、図6.5のようにふたつの三角形で四角形を作る必要があります。座標は`attribute`変数として、1次元配列で渡します。`gl.drawArrays()`は、渡された座標をどの形として何個分描画するかを指定します。`gl.TRIANGLES`を指定すれば三角形を描画してくれます。今回は三角形ふたつを描画するため、座標は全部で6個使うことになります。

余談ですが、WebGLには三角形に表裏を作って描画するカリングという機能があります。このとき、標準では座標を反時計回りに指定した面を表として描画します。テクスチャー座標はY軸座標が反転するため、座標の与え方も気をつけなければなりません。今回のフィルター処理ではカリング機能は使いませんので、座標の順序は考えなくても問題ありません。

図6.5: 三角形で四角形のテクスチャーを作る

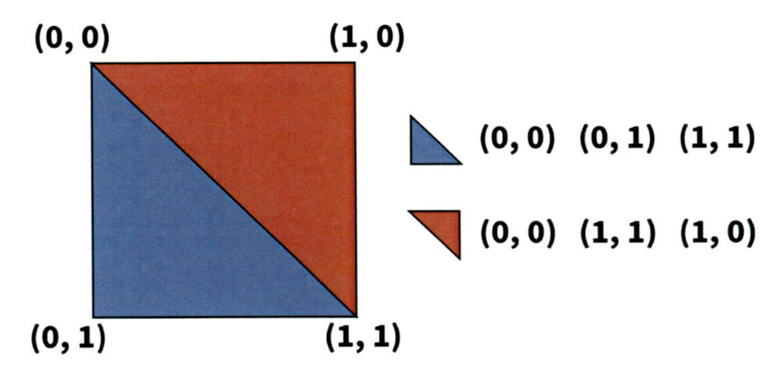

6.5 いろいろなフィルターを作る

RGBスプリット

RGBの要素に分解してずらすフィルター、RGBスプリットフィルターを作ります。RGBそれぞれの色だけにした画像をちょっとずらして重ねた図6.6のような結果になります。

図6.6: RGBそれぞれのレイヤーがずれるフィルター

ずらす量をピクセル単位で指定したいですが、WebGLでのテクスチャー座標は0.0〜1.0に変換されています。逆にテクスチャー座標を解像度で割ると、1ピクセルあたりの長さが求まります。まずは`u_resolution`という`uniform`変数を定義して解像度を渡してあげます。

src/filters/webgl/colorSplit.js

```
import vert from './default.vert';
import frag from './colorSplit.frag';

function colorSplit(canvas, bitmap) {
  /* grayscale.jsと同じ処理を書く */

  glUtil.uniform(gl, 'u_resolution', [canvas.width, canvas.height]);

  gl.drawArrays(gl.TRIANGLES, 0, 6);
}

export default colorSplit;
```

フラグメントシェーダーでは、1ピクセルの長さを`pixel`に計算します。`v_texCoord`に座標を足して、ずれた座標から色を取得します。前節でも少し述べましたが、`.r`で赤色成分、`.g`で緑色成分、`.b`で青色成分が取得できます。あとはそれぞれの色成分を`vec4()`でまとめます。ちなみに、ずらすピクセル量に決まりはないため、いろいろ試してみてください。

src/filters/webgl/colorSplit.frag

```
precision mediump float;

uniform sampler2D u_texture;
uniform vec2 u_resolution;
varying vec2 v_texCoord;

void main() {
  vec2 pixel = vec2(1.0, 1.0) / u_resolution;
  float red = texture2D(u_texture, v_texCoord + vec2(-10.0, 15.0) * pixel).r;
```

```
  float green = texture2D(u_texture, v_texCoord).g;
  float blue = texture2D(u_texture, v_texCoord + vec2(10.0, -15.0) * pixel).b;
  gl_FragColor = vec4(red, green, blue, 1.0);
}
```

さいごにフィルターをexportして、ボタンを作れば完成です。

src/filters/index.js

```
import colorSplit from '~/filters/webgl/colorSplit';

export { grayscale, colorSplit };
```

src/components/filter/FilterSelector.js

```
import { faAdjust, faTint } from '@fortawesome/free-solid-svg-icons';

class FilterSelector extends React.Component {
  render() {
    const { filterType } = this.props;

    return (
      <ControllerWrapper data-position="bottom">
        <ControllerGrid>
          {/* 省略 */}
          <ControllerButton
            icon={faTint}
            onClick={() => this.onSelectFilter('colorSplit')}
            data-selected={filterType === 'colorSplit'}
            data-grid-area="middle-left"
          />
        </ControllerGrid>
      </ControllerWrapper>
    );
  }
}
```

バイラテラルフィルター

つづいてはイラストのような出力になる、バイラテラルフィルター（ぼかしフィルター）を作ってみます。実際にフィルターをかけた画像が図6.7になります。

図6.7: バイラテラルフィルター

バイラテラルフィルターを説明する前に、ガウス関数について触れておきましょう。画像処理で使うガウス関数は、正規分布に沿った関数として定義されることが多く、図6.8の式で表されます。ぼかしフィルターの1種にガウシアンフィルターというものがありますが、このガウス関数で周辺の色を重み付けして加えることでぼかしています。このガウス関数を2次元や3次元に拡張する場合は、それぞれの成分をガウス関数に入れたものを掛け合わせます。

図6.8: ガウス関数

$$G_\sigma(x) = \frac{1}{\sqrt{2\pi}\sigma}\exp\left\{-\frac{x^2}{2\sigma^2}\right\}$$
$$G_\sigma(x,y) = G_\sigma(x)G_\sigma(y)$$
$$G_\sigma(x,y,z) = G_\sigma(x)G_\sigma(y)G_\sigma(z)$$

バイラテラルフィルターの計算式は図6.9で表されます。どの程度の周辺値をぼかしに含めるかをwとして、今の座標の値と周辺の値で計算します。W(i, j, m, n)では、ガウス関数に色の差分を与えたものと、今の座標の距離を与えたものを掛け合わせた値になります。式の分子はW(i, j, m, n)と周辺の色を掛けて足し合わせたものです。分母はW(i, j, m, n)を足し合わせたものになります。分子を分母で割って得られた色が、フィルターされた色になります。

図6.9: バイラテラルフィルター

$$W(i,j,m,n) = G_{\sigma 1}(I(i+m,j+n) - I(i,j))G_{\sigma 2}(i,j)$$
$$I^{filtered}(i,j) = \frac{\sum_{m=-w}^{w}\sum_{n=-w}^{w} I(i+m,j+n)W(i,j,m,n)}{\sum_{m=-w}^{w}\sum_{n=-w}^{w} W(i,j,m,n)}$$

実際にWebGLのコードに落とし込んでみましょう。まずはガウス関数を実装します。inversesqrt()で平方根の逆数を得ることができます。

src/filters/webgl/bilateral.frag

```
const float PI = 3.141593;

float normpdf(float x, float sigma) {
  return (
```

```
    (inversesqrt(2.0 * PI) / sigma) *
    exp(-0.5 * dot(x, x) / pow(sigma, 2.0))
  );
}

float normpdf2d(vec2 vec, float sigma) {
  return normpdf(vec.x, sigma) * normpdf(vec.y, sigma);
}

float normpdf3d(vec3 vec, float sigma) {
  return normpdf(vec.x, sigma) * normpdf(vec.y, sigma) * normpdf(vec.z, sigma);
}
```

つづいて実際の計算部分です。WebGLは`#define`で定数を定義できます。数式の`W(i, j, m, n)`での計算は、`factor`に代入します。色の差分を3次元のガウス関数に与えたものと、ずらした座標を2次元のガウス関数に与えたものを掛けています。`numer`を分子、`denom`を分母として定義して、足し合わせていきます。さいごに`numer`を`denom`で割るとフィルターされた色になります。

カーネルサイズとσの値で結果が変わってくるので、いろいろ試して値を決めましょう。また、このフィルターは計算をさらに簡略化できますので、興味がある方は挑戦してみてください。

src/filters/webgl/bilateral.frag

```
precision mediump float;

#define SIGMA 25.0
#define BSIGMA 0.4
#define KERNEL_SIZE 20.0

uniform sampler2D u_texture;
uniform vec2 u_resolution;
varying vec2 v_texCoord;

void main() {
  vec2 pixel = vec2(1.0, 1.0) / u_resolution;
  vec3 color = texture2D(u_texture, v_texCoord).rgb;

  vec3 numer = vec3(0.0);
  vec3 denom = vec3(0.0);

  for (float m = -KERNEL_SIZE / 2.0; m <= KERNEL_SIZE / 2.0; m++) {
    for (float n = -KERNEL_SIZE / 2.0; n <= KERNEL_SIZE / 2.0; n++) {
      vec2 shift = vec2(m, n);
```

```
      vec3 tmpColor = texture2D(u_texture, v_texCoord + shift * pixel).rgb;
      vec3 diffColor = tmpColor - color;

      float factor = normpdf3d(diffColor, BSIGMA) * normpdf2d(shift, SIGMA);
      numer += factor * tmpColor;
      denom += factor;
    }
  }

  gl_FragColor = vec4(numer / denom, 1.0);
}
```

JavaScript部分はRGBスプリットフィルターと同じです。colorSplit.jsと同じ内容をsrc/filters/webgl/bilateral.jsにコピーして、関数名をbilateralにします。<FilterSelector>でのボタンは、iconをfaPaintBrush、フィルター名をbilateral、位置をmiddle-rightにします。src/filters/index.jsでフィルター関数を忘れずにexportしましょう。

顔認識を使った宇宙人フィルター

顔の中央を膨らませて宇宙人のような顔にするフィルター、宇宙人フィルターを作ります。実際のフィルター結果は図6.10のようになります。

図6.10: 宇宙人フィルター

まずは画像の中から「顔」を検出する必要があります。ブラウザーで顔検出ができるのか疑問かもしれませんが、Shape Detection API[9]を使うと可能になります。Shape Detection APIでは、顔検出とバーコード認識のふたつが定義されています。ここでは顔検出をするFace Detection APIを使ってみます。

Face Detection APIは2019年2月現在、最新版のChromeでのみ搭載されていますが、デフォルトでは有効になっていません。Chromeのアドレスバーにchrome://flagsと入力すると、ブラウザー機能のオンオフを切り替えることができます。そのなかにある"Experimental Web Platform features"を有効にするとShape Detection APIを使えるようになります。また、後述するOrigin Trialsの仕

9.https://wicg.github.io/shape-detection-api/

組みを使えば、設定を変えなくてもアクセスしたときに有効にすることができます。

Face Detection APIの使い方は簡単です。FaceDetectorを作って、detect()に画像を投げるだけで顔を検出してくれます。FaceDetectorの初期化のときに、fastModeを有効にすると高速に処理をしてくれます。複数の顔を認識することができるため、detect()の返り値は顔の位置情報を持ったオブジェクトの配列になります。

顔の数だけフィルターをかけるため、for文で処理を回します。face.boundingBoxには顔のある領域の四角形がDOMRectReadOnly型で入っています。また、face.landmarksには顔の各パーツ（目や口など）の位置も入っています。今回は顔の中央座標をu_faceCoord、顔のサイズをu_faceSizeとしてシェーダーに渡します。

src/filters/webgl/faceBulge.js

```
import glUtil from 'gl-util';

import vert from './default.vert';
import frag from './faceBulge.frag';

/**
 * @param {HTMLCanvasElement} canvas
 * @param {ImageBitmap} bitmap
 */
async function faceBulge(canvas, bitmap) {
  const faceDetector = new FaceDetector({ fastMode: true });
  const faceList = await faceDetector.detect(bitmap);
  if (faceList.length === 0) {
    canvas.getContext('2d').drawImage(bitmap, 0, 0);
    return;
  }

  /* ここに他のフィルターと同じWebGLの設定を書く */

  for (const face of faceList) {
    const box = face.boundingBox;
    const [faceX, faceY] = [
      (box.left + box.right) / 2,
      (box.top + box.bottom) / 2,
    ];

    glUtil.texture(gl, 'u_texture', bitmap);
    glUtil.uniform(gl, 'u_faceCoord', [faceX, faceY]);
    glUtil.uniform(gl, 'u_faceSize', [box.width, box.height]);
```

```
    gl.drawArrays(gl.TRIANGLES, 0, 6);

    bitmap = await createImageBitmap(canvas);
  }
}

export default faceBulge;
```

フラグメントシェーダーでは、最初に顔の座標をテクスチャー座標に換算しておきます。今の頂点座標と顔の中心との距離をdistに代入します。楕円の公式から円の中心からどの程度離れているかを計算してpercentageに代入します。このpercentageが1より小さい場合は、顔の領域内ということになります。

顔の中央が大きく広がるようにするため、percentageをsmoothstep()で変換します。smoothstep()は、指定した範囲の始点と終点が緩やかに変化するような曲線関数です。これによって、顔の中心あたりは緩やかな変化になるため、鼻の辺りが間延びしたような画像になります。他の補間関数を使えば違った雰囲気になりますので、試してみるのもよいと思います。

src/filters/webgl/faceBulge.frag

```
precision mediump float;

uniform sampler2D u_texture;
uniform vec2 u_resolution;
uniform vec2 u_faceCoord;
uniform vec2 u_faceSize;
varying vec2 v_texCoord;

void main() {
  vec2 pixel = vec2(1.0, 1.0) / u_resolution;
  vec2 faceCoord = u_faceCoord * pixel;
  vec2 faceSize = u_faceSize * pixel;

  vec2 radius = faceSize / 2.0;
  vec2 dist = (v_texCoord - faceCoord);
  float percentage = length(dist / radius);

  if (percentage < 1.0) {
    float transform = smoothstep(0.0, 1.0, percentage);
    vec2 transformedCoord = (v_texCoord - faceCoord) * transform + faceCoord;
    gl_FragColor = texture2D(u_texture, transformedCoord);
  } else {
    gl_FragColor = texture2D(u_texture, v_texCoord);
```

```
  }
}
```

<FilterSelector>に挿入するボタンは、iconをfaSmile、フィルター名をfaceBulge、位置をleftにします。また、FaceDetectorが実装されていない場合には選択できないように、disabledプロパティーで設定しておきます。

src/components/filter/FilterSelector.js

```
import { faSmile } from '@fortawesome/free-solid-svg-icons';

class FilterSelector extends React.Component {
  render() {
    const { filterType } = this.props;

    return (
      <ControllerWrapper data-position="bottom">
        <ControllerGrid>
          {/* 省略 */}
          <ControllerButton
            icon={faSmile}
            onClick={() => this.onSelectFilter('faceBulge')}
            disabled={!('FaceDetector' in window)}
            data-selected={filterType === 'faceBulge'}
            data-grid-area="left"
          />
        </ControllerGrid>
      </ControllerWrapper>
    );
  }
}
```

実験的な機能とOrigin Trials

これまで一般的に、ブラウザーの実験的な機能を有効にするには各ブラウザーの設定を変える必要がありました。しかし、実際のウェブサイトで使ってもらわないと、よいフィードバックが得られず機能を改善できません。一方で、誰でも実験的な機能が使えるように開放してしまうと、仕様が変わったときに修正されずに放置されるウェブサイトが増えてしまいます。よって、実験的な機能を使ったウェブサイトをある程度の制約を与えつつ作ることができる仕組みが必要でした。

このような理由で、Chromeには実験的な機能をウェブサイトで有効にするための仕組みである"Origin Trials"[10]が用意されています。Origin Trialsでは事前にウェブサイトを登録して、一定期間だけ機能を使えるようにするトークンを受け取ります（図6.11）。このトークンをウェブページのHTTP Headersに追加するか、http-equiv属性を持った<meta>タグとして追加すると、登録した機能が使えるようになります。いち早く新しいウェブを体感したいなら、覚えておきたい機能です。

図6.11: Origin Trialsの登録ページ

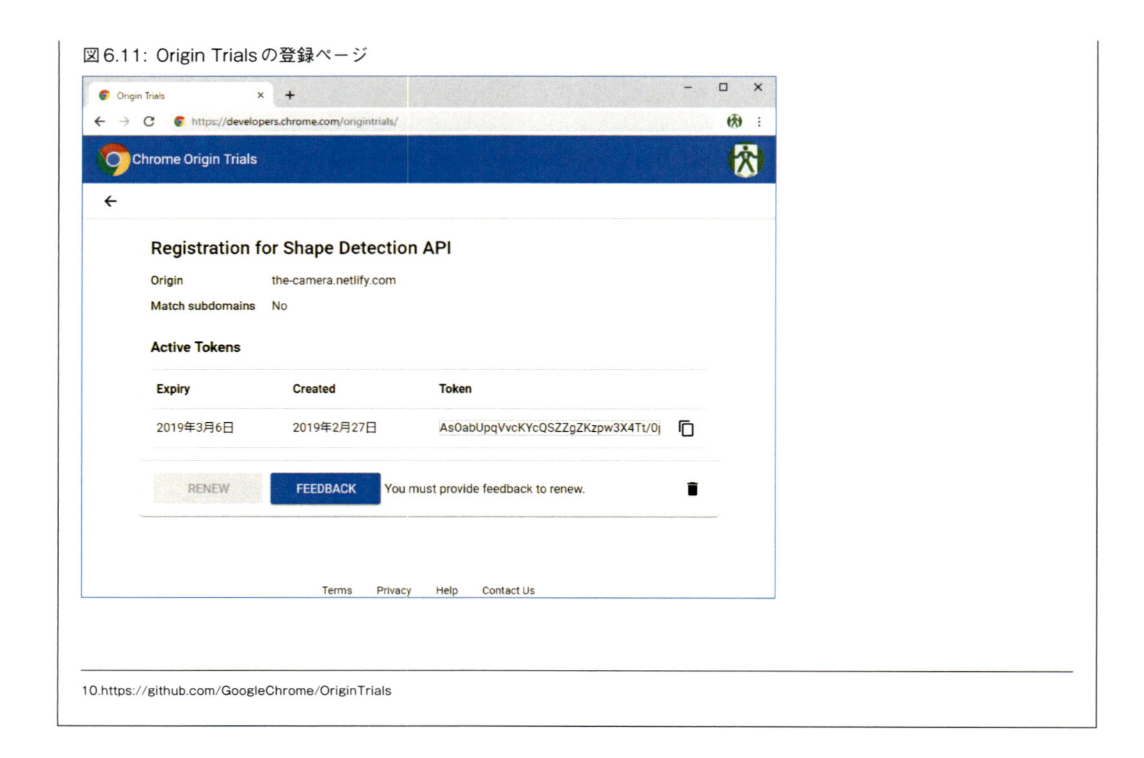

10.https://github.com/GoogleChrome/OriginTrials

機械学習を使ったアートフィルター

さいごに実装するフィルターは、他の画像から画風を抽出して写真に付与するアートフィルターです。このフィルターは、機械学習の1種である"Arbitrary Style Transfer"という仕組みを使います。実際の結果は図6.12のようになります。

図6.12: Arbitrary Style Transferによる画風合成

機械学習と聞くと難しく感じるかもしれませんが、今回は既に学習済みのモデルを含んだライ

ブラリーを使いますので心配はいりません。@magenta/image[11]は、Tensorflow.js[12]のエンジンでArbitrary Style Transferを実装したライブラリーです。

まずはライブラリーをインストールします。そして、画風の元データとなる画像を読み込めるようにwebpackのfile-loaderも書き換えておきます。

```
$ yarn add @magenta/image
```

webpack.config.js

```
const config = {
  module: {
    rules: [
      {
        test: /\.(mp3|jpg)$/,
        use: ['file-loader'],
      },
    ],
  },
};
```

今回はワシリー・カンディンスキーの絵画である「即興 渓谷」の画風を写してみます。昔の名画は著作権が切れているものも多いので、いろんな画像で試してみてください。

ArbitraryStyleTransferNetworkで画風変換の機械学習を実行できます。モデルデータは使い回すため、関数の外でモデルを定義しておきます。学習済みデータは一度読み込んであれば問題ないため、isInitialized()でチェックしてinitialize()で読み込みます。

機械学習の最中にはデータ量が大きくなっていく過程があります。WebGLで計算処理をするため、最初の入力が大きいサイズだとWebGLの処理上限サイズを超えてしまいます。今回はあらかじめ256px四方に画像を縮小させてから機械学習にかけます。その後、そのままでは出力結果も256px四方になるため、元のサイズに拡大しします。小さい画像を拡大すると粗が目立ってしまうため、元の画像をoverlayで混ぜておきます。

src/filters/tfjs/stylize.js

```
import * as mi from '@magenta/image';
import STYLE_IMAGE_PATH from '~/assets/gorge-improvisation.jpg';

const SIZE = 256;

const model = new mi.ArbitraryStyleTransferNetwork();
```

11.https://github.com/tensorflow/magenta-js

12.https://js.tensorflow.org/

```
async function stylize(canvas, bitmap) {
  if (!model.isInitialized()) {
    await model.initialize();
  }
  const ctx = canvas.getContext('2d');
  ctx.drawImage(bitmap, 0, 0, canvas.width, canvas.height, 0, 0, SIZE, SIZE);
  const sourceImageData = ctx.getImageData(0, 0, SIZE, SIZE);

  const styleImage = new Image();
  await new Promise((resolve, reject) => {
    styleImage.addEventListener('load', resolve, { once: true });
    styleImage.addEventListener('error', reject, { once: true });
    styleImage.src = STYLE_IMAGE_PATH;
  });

  const result = await model.stylize(sourceImageData, styleImage);
  ctx.putImageData(result, 0, 0);
  ctx.drawImage(canvas, 0, 0, SIZE, SIZE, 0, 0, canvas.width, canvas.height);

  ctx.globalCompositeOperation = 'overlay';
  ctx.drawImage(bitmap, 0, 0, canvas.width, canvas.height);
}

export default stylize;
```

<FilterSelector>に挿入するボタンは、iconをfaPalette、フィルター名をstylize、位置をrightにします。これで5つのフィルターが実装できました。

6.6 WebWorkerとOffscreenCanvasで別スレッド処理

フィルターを適用しているとき、<Loading>で読み込み画面を表示するようにしました。<Loading>でくるくる回っているインジケーターですが、今の実装ではたまにカクつくことがあると思います。これはブラウザーとJavaScriptの仕組みが関係しています。

async / awaitやPromiseによって、JavaScriptでは非同期処理ができるようになっていますが、厳密には処理が並列に動いていません。ブラウザーのUIレンダリングとJavaScriptの処理は、シングルスレッドのイベントループによって管理されています。イベントループでは、イベントの発生によってタスクが積まれていき、積まれたタスクを逐次処理していきます。よって、走っているタスクは常にひとつであり、そのタスクの処理が重たくなると他のタスクが処理されなくなってしまします。

画像処理のような重たいタスクがあると、その間ブラウザーのレンダリングは止まってしまいます。これがインジケーターがカクつく原因です。重たいタスクはどうやって処理すればよいのでしょうか。そこで登場するのがWebWorkerです。WebWorkerはブラウザーのUIスレッドとは別に新しいスレッドを作ってJavaScriptを実行できます。スレッドが別になるため、重たいタスクを走らせていてもブラウザーの表示は固まることがありません。

早速フィルター処理をWebWorkerに移行しましょう。WebWorkerで動かすJavaScriptは別のファイルに書き出す必要があり、webpackで設定が必要です。その設定を自動でやってくれるwebpackのプラグインworker-plugin[13]をインストールします。worker-pluginのオプションでglobalObjectを設定しておくと、HMRの機能が使えるようになります。

```
$ yarn add --dev worker-plugin
```

webpack.config.js

```
const WorkerPlugin = require('worker-plugin');

const config = {
  plugins: [
    new WorkerPlugin({
      globalObject: 'self',
    }),
  ],
};
```

WebWorkerとUIスレッドのやり取りは、postMessage()によって行われます。postMessage()で送られたデータは、addEventListenerでmessageイベントとして受け取れます。WebWorkerのpostMessage()では、Structured Cloneアルゴリズム[14]に則ってデータが変換されます。しかし、ArrayBufferのような大量のデータを含んだものは、データの変換に時間がかかってしまいます。そのため、Transferableなオブジェクトは、postMessage()の第2引数に指定することで、WebWorkerに直接送ることができます。TransferableなオブジェクトであるImageBitmapで画像を送り、OffscreenCanvasで出力先を送ることで、WebWorker内で画像処理をすることができます。

実際のコードを書いてみましょう。今回、dataにはfilterType、bitmap、canvasを渡すようにしています。フィルター処理が終わったら、描画処理が反映されるまで待つようにrequestAnimationFrameを呼び出します。さいごにcreateImageBitmap()で、描画内容をImageBitmapにして渡しますが、このとき忘れずにTransferableを指定します。

src/workers/filters.js

13.https://github.com/GoogleChromeLabs/worker-plugin

14.https://developer.mozilla.org/en-US/docs/Web/API/Web_Workers_API/Structured_clone_algorithm

```
import * as filters from '~/filters';

self.addEventListener('message', async ({ data }) => {
  const { filterType, bitmap, canvas } = data;

  const filterFn = filters[filterType];
  if (!filterFn) {
    self.postMessage({ result: bitmap }, [bitmap]);
    return;
  } else {
    await filters[filterType](canvas, bitmap);
  }

  if ('requestAnimationFrame' in self) {
    await new Promise((resolve) => requestAnimationFrame(resolve));
  }
  const result = await createImageBitmap(canvas);
  self.postMessage({ result }, [result]);
});
```

applyFilter()もWebWorkerを使うように変更していきます。<canvas>からOffscreenCanvasを作るにはtransferControlToOffscreen()を使います。この関数が定義されているかどうかで、OffscreenCanvasが使えるかどうかが判断できます。2019年2月現在、OffscreenCanvasはChromeのみで使えますが、SafariとFirefoxでも設定から有効にできます。

WebWorkerをフィルター処理で使う条件は、OffscreenCanvasが有効かどうかです。また、Tensorflow.jsがまだOffscreenCanvasに対応していない[15]ため、フィルターの種類も分岐条件に加えておきます。

WebWorkerを新しく作るとき、第2引数でtypeにmoduleを設定しています。これは読み込むJavaScriptがES Modulesで書かれていることを示すためのフラグです。worker-pluginは、typeがmoduleになっていないと有効にならないため、設定しておきます。

waitRenderingPromiseに、フィルター結果が送られてくるイベントを待つPromiseを作っておきます。postMessage()で、先程定めた3つのデータを送ります。このとき、第2引数にTransferableなオブジェクトを与えるのを忘れてはいけません。WebWorkerは使い終わったあと、terminate()で必ず終了させておきます。

the-camera/src/helpers/applyFilter.js

15.https://github.com/tensorflow/tfjs/issues/102

```
async function applyFilter(blob, filterType) {
  /* 省略 */

  if (!('transferControlToOffscreen' in canvas) || filterType === 'stylize') {
    const filterFn = filters[filterType];
    if (!filterFn) {
      return bitmap;
    } else {
      await filters[filterType](canvas, bitmap);
    }

    const result = await createImageBitmap(canvas);
    return result;
  }

  const worker = new Worker('~/workers/filters.js', { type: 'module' });
  const waitRenderingPromise = new Promise((resolve, reject) => {
    worker.addEventListener('message', resolve, { once: true });
  });

  const offscreen = canvas.transferControlToOffscreen();
  worker.postMessage(
    {
      filterType,
      canvas: offscreen,
      bitmap,
    },
    [offscreen, bitmap],
  );

  const { data } = await waitRenderingPromise;
  worker.terminate();
  return data.result;
}
```

ここでもう一度フィルター処理を試してみましょう。WebWorkerに処理を移す前と比べて、インジケーターがスムーズに回るようになりました。

第7章　QRコードリーダーを作る

7.1　Barcode Detection API

カメラアプリに備わっている撮影以外のよくある機能といえば、QRコードリーダーではないでしょうか。前章で紹介したShape Detection APIには、Barcode Detection APIも含まれており、バーコードリーダーが簡単に作れます。Face Detection APIと同じく、2019年2月現在ではChromeのみに搭載されていて、デフォルトでは無効になっています。対応していないブラウザーについては、後述するJavaScriptで書かれたライブラリーからPolyfillを作ります。

Barcode Detection APIの実装であるBarcodeDetectorには、typesで認識するバーコードの種類を指定します。BarcodeDetectorはQRコードだけでなく、書籍の裏表紙などについている縦縞の1次元バーコードなども読み込めます。detect()にImageBitmapSourceな画像オブジェクトを与えると、その画像からバーコードを認識して返します。返ってきたオブジェクトのrawValueに認識結果が文字列で入ります。また、boundingBoxとcornerPointsには認識したバーコードの位置が入っています。

```
const detector = new BarcodeDetector({ types: ['qr_code'] });
detector.detect(image).then(([result]) => {AI
  if (result) {
    console.log(result.rawValue);
  }
});
```

このBarcodeDetectorを使って、カメラアプリにQRコードリーダーを搭載しましょう。一定時間おきにQRコードを読み込むラッパークラスBarcodeReaderを作ります。あとでWebWorkerに処理を移行することを考えて、認識させる画像データはImageDataにします。動画からImageDataを取るためには、一度<canvas>に描画する必要があるので、<canvas>を用意しておきます。

src/helpers/BarcodeReader.js

```
class BarcodeReader {
  /** @type {HTMLVideoElement | null} */
  video = null;
  canvas = document.createElement('canvas');

  get imageData() {
    if (!this.video) {
      return new ImageData(1, 1);
```

```
    }
    const canvas = this.canvas;
    const ctx = canvas.getContext('2d');
    ctx.drawImage(this.video, 0, 0, canvas.width, canvas.height);
    return ctx.getImageData(0, 0, canvas.width, canvas.height);
  }
}

export default BarcodeReader;
```

動画のストリームから<video>を作ります。<canvas>のサイズを<video>に合わせますが、画像が大きすぎるとQRコードを認識しづらくなるため、1/4ぐらいに小さくしておきます。すでに<video>があった場合は、前の<video>を削除しておきます。また、BarcodeReaderを使い終わったときにはterminate()を呼ぶようにして、<video>を削除させます。

src/helpers/BarcodeReader.js

```
import createVideoElement from '~/helpers/createVideoElement';

class BarcodeReader {
  async setStream(stream) {
    if (this.video) {
      this.video.remove();
    }
    this.video = await createVideoElement(stream);
    Object.assign(this.canvas, {
      width: this.video.videoWidth / 4,
      height: this.video.videoHeight / 4,
    });
  }

  terminate() {
    this.video.remove();
  }
}
```

BarcodeReaderをEventTargetから継承することで、addEventListenerから認識結果を得られるようにします。2019年2月現在、EventTargetはSafariでは継承できない問題があるため、@ungap/event-target[1]などでPolyfillを入れましょう。

1.https://github.com/ungap/event-target

```
$ yarn add @ungap/event-target
```

src/polyfiils.js

```
import EventTarget from '@ungap/event-target';

window.EventTarget = EventTarget;
```

QRコードを読み込んだら、CustomEventで読み込んだ結果をdetailとして渡し、detectイベントを作ります。イベントをdispatchEvent()に渡すと、addEventListenerに登録したコールバックに送ることができます。また、一定時間ごとにQRコードを読み取るため、start()とpause()でsetTimeoutを管理します。timeoutIdに値があるときは、ループ処理の最中なのでdetect()の最後でもう一度start()を呼びます。pause()は、terminate()が呼ばれたときにも呼び出すようにします。

src/helpers/BarcodeReader.js

```
class BarcodeReader extends EventTarget {
  detector = new BarcodeDetector({ types: ['qr_code'] });
  timeoutId = null;

  start() {
    this.timeoutId = setTimeout(() => this.detect(), 1000);
  }

  pause() {
    this.timeoutId = clearTimeout(this.timeoutId);
  }

  async detect() {
    const [result] = await this.detector.detect(this.imageData).catch(() => []);
    if (result) {
      const event = new CustomEvent('detect', { detail: result });
      this.dispatchEvent(event);
    }
    if (this.timeoutId) {
      this.start();
    }
  }

  terminate() {
    this.pause();
```

```
    this.video.remove();
  }
}
```

作ったBarcodeReaderを<CameraPage>に組み込みます。initialize()でonDetectBarcodeを設定して、QRコードの読み込みを開始します。onDetectBarcodeでは、認識結果をalert()で表示させます。updateStream()では、新しいストリームをsetStream()で与えます。componentWillUnmount()では、使い終わったBarcodeReaderをterminate()で開放します。ここまでで一度、QRコードが読み込めるか試しておきます。

src/components/camera/CameraPage.js

```
import BarcodeReader from '~/helpers/BarcodeReader';

class CameraPage extends React.Component {
  barcodeReader = new BarcodeReader();

  componentWillUnmount() {
    this.closeStream();
    this.barcodeReader.terminate();
  }

  async initialize() {
    /* 省略 */
    this.barcodeReader.addEventListener('detect', this.onDetectBarcode);
    this.barcodeReader.start();
  }

  async updateStream() {
    /* 省略 */
    this.barcodeReader.setStream(stream);
  }

  onDetectBarcode = ({ detail }) => {
    this.barcodeReader.pause();
    alert(detail.rawValue);
    this.barcodeReader.start();
  };
}
```

Barcode Detection APIのPolyfill

2019年2月現在、SafariやFirefoxではBarcode Detection APIが搭載されていません。しかし、QRコードを読み込むライブラリーはあるため、似たようなクラスを実装できます。今回はjsQR[2]というライブラリーを使ってPolyfillを作ります。

```
$ yarn add jsqr
```

作ったPolyfillは、UIスレッドで使う場合は`src/polyfills.js`に書きます。WebWorkerで使う場合には、そのWebWorkerのスクリプト内に書きます。両方で使えるように、グローバルオブジェクトは`self`を使います。

`jsQR()`には、`ImageData`の各プロパティーを与えます。そのため、このPolyfillでは`ImageData`以外のデータを認識できません。検出結果は仕様に沿うように計算し直して返しましょう。

```
import jsQR from 'jsqr';

class BarcodeDetectorPolyfill {
  async detect(imageData) {
    const result = jsQR(imageData.data, imageData.width, imageData.height);
    if (!result) {
      return [];
    }

    const loc = result.location;
    const detected = {
      rawValue: result.data,
      format: 'qr_code',
      boundingBox: {
        x: loc.topLeftCorner.x,
        y: loc.topLeftCorner.y,
        top: loc.topLeftCorner.x,
        left: loc.topLeftCorner.y,
        right: loc.bottomRightCorner.y,
        bottom: loc.bottomRightCorner.x,
        width: loc.bottomRightCorner.x - loc.topLeftCorner.x,
        height: loc.bottomRightCorner.y - loc.topLeftCorner.y,
      },
      cornerPoints: [
        loc.topLeftCorner,
        loc.topRightCorner,
        loc.bottomRightCorner,
        loc.bottomLeftCorner,
```

2.https://github.com/cozmo/jsQR

```
      ],
    };

    return [detected];
  }
}

self.BarcodeDetector = self.BarcodeDetector || BarcodeDetectorPolyfill;
```

7.2 Comlinkで手軽にWebWorker化

QRコードが認識できたところで、認識部分をWebWorkerへ移譲したいと思います。

前章ではpostMessage()を使ってデータのやり取りをしていました。しかし、処理待ちのために毎回Promiseを作ったり、やり取りするデータ定義を考えたりと使い勝手が悪い方法でした。ここでは、Comlink[3]を使ったWebWorkerとのやり取りを紹介します。まずはComlinkをインストールします。

```
$ yarn add comlinkjs
```

Comlinkでは、Proxy[4]を使ってモックを作り、関数や変数が呼ばれたときにWebWorkerと通信して結果を返します。Proxyを理解していなくても、Comlink自体を使うのは簡単なので早速試してみましょう。WebWorker側で使いたいクラスやオブジェクトをComlink.expose()で指定しますが、WebWorkerに書くのはこれだけです。

src/workers/barcode.js

```
import * as Comlink from 'comlinkjs';

Comlink.expose(self.BarcodeDetector, self);
```

これをUIスレッドから呼び出すために、Comlink.proxy()でWebWorkerを囲います。BarcodeReaderでnew Worker()して、WebWorkerを作っておきます。detect()のときに、this.detectorがなければ作ります。ここでComlink.proxy()したものが、そのままWebWorker側で渡したオブジェクトと同じように使えます。1点だけ注意すべきなのは、WebWorkerと通信するため**すべての関数が非同期処理になること**です。例えば、インスタンス化のときもawaitして処

3.https://github.com/GoogleChromeLabs/comlink

4.https://developer.mozilla.org/ja/docs/Web/JavaScript/Reference/Global_Objects/Proxy

理を待つ必要があります。この書き方は見慣れないと思いますが、とりあえずComlinkを通したらすべてにawaitをつけると考えておけば大丈夫です。

src/helpers/BarcodeReader.js

```
import * as Comlink from 'comlinkjs';

class BarcodeReader extends EventTarget {
  detector = null;
  worker = new Worker('~/workers/barcode.js', { type: 'module' });

  async detect() {
    if (!this.detector) {
      const BarcodeDetector = Comlink.proxy(this.worker);
      this.detector = await new BarcodeDetector({ types: ['qr_code'] });
    }
    /* 省略 */
  }

  terminate() {
    /* 省略 */
    this.worker.terminate();
  }
}
```

これだけで、ほとんどの処理を変えずにWebWorkerへ処理を委譲できました。慣れは必要ですが、Comlinkを使うとデータのやり取りが格段に楽なので、WebWorkerに対応するならば知っておきたいライブラリーです。

7.3 Clipboard APIとWeb Share API

<BarcodeResultPopup>

現状では、認識結果のリンクが飛べるわけでもなく、文字列がコピーされるわけでもありません。QRコードリーダーの用途を考えると悪い実装です。ここでは、認識結果を表示するための図7.1のようなポップアップを作ります。このポップアップは、閉じるボタン、結果の表示領域、コピーボタン、シェアボタンの4つからなります。

図7.1: <BarcodeResultPopup>

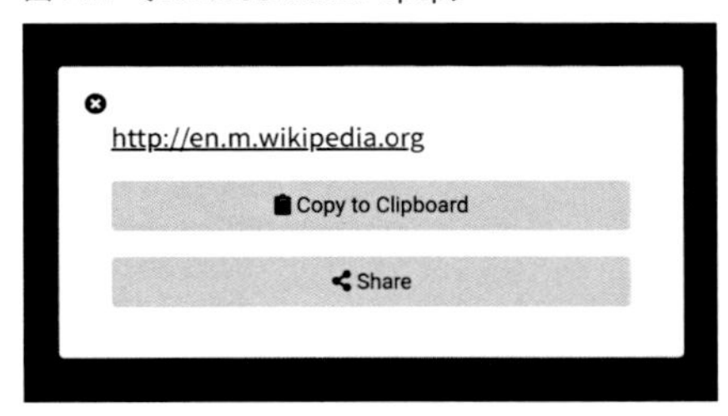

まずは外観から作っていきましょう。外側の.baseは全画面にして中央揃えにするため、<Loading>のときのスタイルを流用します。ただし、内側のポップアップ部分の大きさを制御するために、paddingで内側領域を狭めておきます。ポップアップ部分の.popupでは、overflow-wrapで文字の折り返しを設定します。これを設定しておかないと、長いURLが渡されたときに画面からはみ出してしまいます。ボタンのスタイルは、閉じるボタン用の.closeButtonとそれ以外のボタン用の.buttonのふたつを定義します。

認識結果はURL部分をクリックできるようにしたいです。そのため、認識結果をHTMLに変換して返すためのメソッドgetResultAsHtml()を用意して、<p>の中に入れます。

src/components/camera/BarcodeResultPopup.js

```
import React from 'react';
import { FontAwesomeIcon } from '@fortawesome/react-fontawesome';
import {
  faTimesCircle,
  faShareAlt,
  faClipboard,
} from '@fortawesome/free-solid-svg-icons';
import styles from './BarcodeResultPopup.css';

import Layout from '~/components/common/Layout';

/**
 * @typedef Props
 * @property {string} text
 * @property {() => any} onClose
 */

/** @extends {React.Component<Props, State>} */
class BarcodeResultPopup extends React.Component {
  onClose = () => {
    this.props.onClose();
  };
```

```
  render() {
    if (!this.props.text) {
      return null;
    }

    return (
      <Layout>
        <div className={styles.base}>
          <div className={styles.popup}>
            <button className={styles.closeButton} onClick={this.onClose}>
              <FontAwesomeIcon icon={faTimesCircle} />
            </button>

            <p>{this.getResultAsHtml()}</p>

            <button className={styles.button} onClick={this.onCopy}>
              <FontAwesomeIcon icon={faClipboard} />
              <span> Copy to Clipboard</span>
            </button>
            <button
              className={styles.button}
              disabled={!('share' in navigator)}
              onClick={this.onShare}
            >
              <FontAwesomeIcon icon={faShareAlt} />
              <span> Share</span>
            </button>
          </div>
        </div>
      </Layout>
    );
  }
}

export default BarcodeResultPopup;
```

src/components/camera/BarcodeResultPopup.css

```
.base {
  /* Loading.cssの.base */
  padding: 5vh 5vw;
}
```

```
.popup {
  position: relative;
  width: 100%;
  padding: 2rem;
  color: black;
  overflow-wrap: break-word;
  background-color: white;
  border-radius: 3px;

  & a {
    color: inherit;
  }
}

.close-button {
  position: absolute;
  top: 1rem;
  left: 1rem;
  background-color: transparent;
  border: none;
}

.button {
  display: block;
  width: 100%;
  padding: 0.5rem 1rem;
  margin-top: 1rem;
  background-color: lightgray;
  border: none;
  border-radius: 3px;
}
```

`getResultAsHtml()`では、URLとして成り立つ文字列を正規表現で探し、前の文字列とURL文字列のリンクを`elems`に追加します。これを正規表現がマッチしなくなるまで繰り返し、さいごに残った文字列を`elems`に入れて返します。URLを判定するもっと厳密な正規表現が欲しい場合は、`url-regex`[5]のようなライブラリーを使うことを検討しましょう。

src/components/camera/BarcodeResultPopup.js

5.https://github.com/kevva/url-regex

```
const URL_REGEXP = /https?:\/\/[^\/]+\.[^\.\s\/]+(?:\/[^\s()<>]*)?/;

class BarcodeResultPopup extends React.Component {
  getResultAsHtml() {
    const text = this.props.text || '';
    const elems = [];
    const regexp = new RegExp(URL_REGEXP, 'g');

    while (true) {
      const currentIndex = regexp.lastIndex;
      const match = regexp.exec(text);
      if (!match) {
        elems.push(text.slice(currentIndex));
        break;
      }

      const [prevText, href] = [
        text.slice(currentIndex, match.index),
        text.slice(match.index, regexp.lastIndex),
      ];
      elems.push(prevText);
      elems.push(
        <a href={href} target="_blank">
          {href}
        </a>,
      );
    }

    return elems;
  }
}
```

ここまで組めたら`<CameraPage>`に挿入します。Stateで`barcodeResult`を管理して`<BarcodeResultPopup>`に渡してあげます。また、ポップアップが閉じられるまでは、バーコードリーダーを`pause()`で止めておきます。

src/components/camera/CameraPage.js

```
import BarcodeResultPopup from '~/components/camera/BarcodeResultPopup';

/**
 * @typedef State
```

```
 * @property {string} barcodeResult
 */

class CameraPage extends React.Component {
  /** @type {State} */
  state = {
    /* 省略 */
    barcodeResult: '',
  };

  onDetectBarcode = ({ detail }) => {
    this.barcodeReader.pause();
    this.setState({ barcodeResult: detail.rawValue });
  };

  onClosePopup = () => {
    this.setState({ barcodeResult: null }, () => {
      this.barcodeReader.start();
    });
  };

  render() {
    const { barcodeResult } = this.state;

    return (
      <Layout>
        {/* 省略 */}
        <BarcodeResultPopup text={barcodeResult} onClose={this.onClosePopup} />
      </Layout>
    );
  }
}
```

Clipboard API

認識結果をアプリの外側に持ち出す方法として、クリップボードにコピーする方法と、Web Share APIを使う方法があります。まずはクリップボードにコピーする方法を実装しましょう。クリップボードにアクセスする方法は、`execCommand()`を使った同期APIと、`navigator.clipboard`[6]を使った非同期APIがあります。`navigator.clipboard`が一般的になっていますので、今回は非同期API

6.https://w3c.github.io/clipboard-apis/

を使って実装します。ただし、2019年2月現在、`navigator.clipboard`はSafariに実装されていないため、Polyfillを入れて対応します。

```
$ yarn add clipboard-api
```

src/polyfills.js

```
import * as clipboard from 'clipboard-polyfill';

if (!('clipboard' in navigator)) {
  navigator.clipboard = clipboard;
}
```

`writeText()`を使うとテキストをクリップボードにコピーできます。返り値は`Promise`で、コピーに失敗するとエラーを返します。クリップボードにコピーするとき、ブラウザーはユーザーに通知をしません。よって、コピーされたかどうかのフィードバックをユーザーに返すのがよいでしょう。今回はコピーボタンを押してから3秒間、ボタンのテキストを「Copied!」に変える実装にしました。

src/components/camera/BarcodeResultPopup.js

```
/**
 * @typedef State
 * @property {boolean} copied
 */

/** @extends {React.Component<Props, State>} */
class BarcodeResultPopup extends React.Component {
  /** @type {State} */
  state = {
    copied: false,
  };

  onCopy = () => {
    this.setState({ copied: true }, () => {
      navigator.clipboard.writeText(this.props.text);
      setTimeout(() => this.setState({ copied: false }), 3000);
    });
  };

  render() {
    const { copied } = this.state;

    return (
```

```
      <Layout>
        <div className={styles.base}>
          <div className={styles.popup}>
            {/* 省略 */}
            <button className={styles.button} onClick={this.onCopy}>
              <FontAwesomeIcon icon={faClipboard} />
              <span> {copied ? 'Copied!' : 'Copy to Clipboard'}</span>
            </button>
            {/* 省略 */}
          </div>
        </div>
      </Layout>
    );
  }
}

export default BarcodeResultPopup;
```

Web Share API

Web Share API[7]は、ブラウザーからネイティブのシェア機能を使えるAPIです。2019年2月現在、Chromeで使うことができます。また、Safariでも12.2から導入される予定です。実際にAndroidで試すと図7.2のようにネイティブアプリの共有先が表示されます。

図7.2: Web Share API

`navigator.share()`で共有する内容を渡します。`text`、`title`、`url`が渡せるようになっていま

7.https://wicg.github.io/web-share/

すが、今回はtextにデータを渡します。これでウェブアプリからネイティブアプリへデータの受け渡しができるようになりました。

src/components/camera/BarcodeResultPopup.js

```
class BarcodeResultPopup extends React.Component {
  onShare = () => {
    navigator.share({
      text: this.props.text,
    });
  };
}
```

第8章　アニメーションGIFを作ろう

8.1　GIF撮影画面を作る

<App>と<CameraPage>

GIF撮影画面を作る前に、GIF撮影画面に遷移できるように`<App>`と`<CameraPage>`を変更します。`<App>`の`onSave()`ではJPEGしか保存できませんでしたが、拡張子も一緒に渡す関数に変えることでGIFにも対応させます。また、ページを切り替える`onChangePage()`を用意して、写真撮影画面とGIF撮影画面の切り替えができるようにします。

src/App.js

```
class App extends React.Component {
  onSave = (blob, ext = 'jpg') => {
    saveAs(blob, `${Date.now()}.${ext}`);
    this.setState(({ page }) => ({
      blob: null,
      page: page === 'filter' ? 'camera' : page,
    }));
  };

  onChangePage = (page) => {
    this.setState({ page });
  };

  render() {
    const { page, blob } = this.state;

    switch (page) {
      case 'camera': {
        return (
          <CameraPage
            onTakePhoto={this.onTakePhoto}
            onChangePage={this.onChangePage}
          />
        );
      }
      case 'filter': {/* 省略 */}
      case 'gif': {
```

```
        return (
          <GifPage onChangePage={this.onChangePage} onSave={this.onSave} />
        );
      }
    }
  }
}
```

<CameraPage>には新しくonChangeToGifPage()を作り、<CameraController>に与えます。<CameraController>では、ページ切り替え用のボタンをひとつ追加してmiddle-rightに配置します。

src/components/camera/CameraPage.js

```
/**
 * @typedef Props
 * @property {(page: string) => any} onChangePage
 */

class CameraPage extends React.Component {
  onChangeToGifPage = () => {
    this.props.onChangePage('gif');
  };

  render() {
    return (
      <Layout>
        {/* 省略 */}
        <CameraController
          onChangeToGifPage={this.onChangeToGifPage}
        />
        {/* 省略 */}
      </Layout>
    );
  }
}
```

src/components/camera/CameraController.js

```
import { faVideo } from '@fortawesome/free-solid-svg-icons';
/**
 * @typedef Props
 * @property {() => any} onChangeToGifPage
```

```
 */

const CameraController = (props) => {
  const { onChangeToGifPage } = props;

  return (
    <ControllerWrapper data-position="bottom">
      {/* 省略 */}
      <ControllerGrid>
        {/* 省略 */}
        <ControllerButton
          icon={faVideo}
          onClick={onChangeToGifPage}
          data-grid-area="middle-right"
        />
      </ControllerGrid>
    </ControllerWrapper>
  );
};
```

GIF撮影画面のパーツを作る

まずはカメラ映像を表示する`<GifVideoView>`を作ります。今回のGIFは縦横の比率が1:1の正方形として撮影します。そのため、カメラ映像も正方形として表示されるように作ります。`.video-wrapper`には`padding-top`を使った比率保持のスタイルを書きます。また、`overflow`を`hidden`にして、はみ出した部分を非表示にします。`.video`は`object-fit`と`object-position`で、中央揃えで正方形いっぱいに広がるようにします。撮影後のGIF画像のプレビューにも使えるよう、`videoSrc`と`imageSrc`を受け取れるようにしておきます。

src/components/gif/GifVideoView.js

```
import React from 'react';
import styles from './GifVideoView.css';

import Video from '~/components/common/Video';

/**
 * @typedef Props
 * @property {MediaStream} [videoSrc]
 * @property {string} [imageSrc]
 */
```

```
/** @extends {React.Component<Props>} */
const GifVideoView = ({ videoSrc, imageSrc }) => (
  <div className={styles.base}>
    <div className={styles.videoWrapper}>
      {videoSrc && (
        <Video
          muted
          autoPlay
          playsInline
          srcObject={videoSrc}
          className={styles.video}
        />
      )}
      {imageSrc && <img src={imageSrc} className={styles.video} />}
    </div>
  </div>
);

export default GifVideoView;
```

src/components/gif/GifVideoView.css

```
.base {
  display: flex;
  align-items: center;
  justify-content: center;
  width: 100%;
  height: 100%;
}

.video-wrapper {
  position: relative;
  width: 100%;
  overflow: hidden;

  &::before {
    display: block;
    padding-top: 100%;
    content: '';
  }
}
```

```
.video {
  position: absolute;
  top: 0;
  left: 0;
  width: 100%;
  height: 100%;
  object-fit: cover;
  object-position: center center;
}
```

つぎに<GifController>と<GifSaveController>を作ります。シャッターボタンを押している間にGIFの撮影をしたいので、onTouchStartとonTouchEndのイベントを使います。シャッターボタンのiconに指定している<GifShutterIcon>はのちほど解説します。<GifSaveController>は、フィルター画面で作った<FilterSaveController>と同じです。

src/components/gif/GifController.js

```
import React from 'react';
import { faCamera } from '@fortawesome/free-solid-svg-icons';

import ControllerWrapper from '~/components/common/ControllerWrapper';
import ControllerGrid from '~/components/common/ControllerGrid';
import ControllerButton from '~/components/common/ControllerButton';
import GifShutterIcon from '~/components/gif/GifShutterIcon';

/**
 * @typedef Props
 * @property {number} time
 * @property {() => any} onRecStart
 * @property {() => any} onRecStop
 * @property {() => any} onChangeToCameraPage
 */

/** @type {React.FC<Props>} */
const GifController = ({
  time,
  onRecStart,
  onRecStop,
  onChangeToCameraPage,
}) => (
  <ControllerWrapper data-position="bottom">
    <ControllerGrid>
```

```
      <ControllerButton
        icon={<GifShutterIcon time={time} />}
        onTouchStart={onRecStart}
        onTouchEnd={onRecStop}
        data-grid-area="middle"
      />
      <ControllerButton
        icon={faCamera}
        onClick={onChangeToCameraPage}
        data-grid-area="middle-right"
      />
    </ControllerGrid>
  </ControllerWrapper>
);

export default GifController;
```

src/components/gif/GifSaveController.js

```
/* FilterSaveController.jsと同じ */

const GifSaveController = ({ onSave, onCancel }) => (
  /* <FilterSaveController>と同じ */
);

export default GifSaveController;
```

撮影時間がわかるシャッターボタンを作る

ボタン周囲の“フチ”の色で、撮影時間がわかるようなボタンを作ってみましょう。図8.1のように撮影時間が進むと縁の色が変わっていきます。今回はSVGを使ってアニメーションをするUIを作ります。

図8.1: 撮影時間がボタン周囲の色でわかる

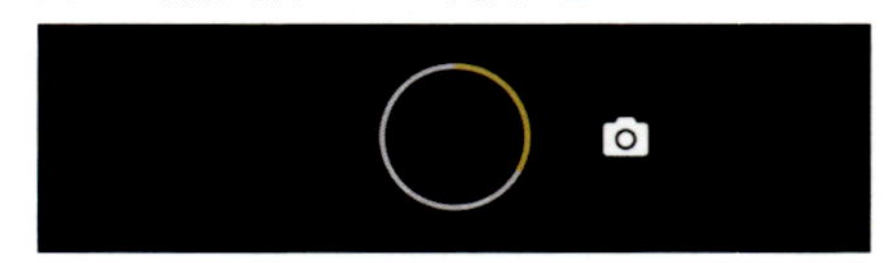

<svg>のviewBoxでは表示される描画サイズを与えます。今回の場合は100×100のサイズ内にあるオブジェクト表示されます。ここで指定するサイズはブラウザーのピクセルではなく、SVG内の基準長になります。ようは<svg>内を0〜100の座標にした値だと考えればよいです。

<circle>のcxとcyで円の中心点を決めます。また、rで円の半径、strokeWidthで円周の幅を決めます。円周を描くストロークは円周部分から内側と外側両方が太くなり、strokeWidthはその太くなった全体の幅になります。よって、実際の円の大きさはr + strokeWidth / 2となります。

fillとstrokeで内部の色と辺の色を決めます。最初の<circle>では普通の円を描き、つぎの<circle>で円周だけ描きます。fillをnoneにすると内部の色が透明になります。

strokeDasharrayでは、辺を点線で描くように設定できます。値がひとつの場合は、指定した長さで線が引かれたあと、指定した長さだけ空白になります。例えば、長さ100の辺があったときにstrokeDasharrayを20に設定すると、図8.2のように20ずつ離れて20の線が引かれます。

図8.2: 100の長さに対してstrokeDasharray=20にした例

100

20

このとき指定する値は辺の長さになります。例えば、半径50のとき314を指定すると円周を描くことができます。strokeDashoffsetでは、点線の起点をずらすことができます。よって、strokeDashoffsetに314を指定すると、円周1周分進んだ先の線が描かれるため、点線の透明部分が描かれることになります。これを応用するとstrokeDashoffsetを変えることで点線の起点が後退して、点線の線部分が見えてくるようになります。言葉で解説されてもなかなか理解が難しいと思いますので、実際に値を変えながら試してみてください。

なお、<circle>の円周の起点は右側なので、スタイルから反時計回りに90度回転させて、上から始まるようにします。

src/components/gif/GifShutterIcon.js

```
import React from 'react';
import styles from './GifShutterIcon.css';

/**
 * @typedef Props
 * @property {number} time
 */

/** @type {React.FC<Props>} */
const GifShutterIcon = ({ time }) => {
  const circleProps = { cx: 50, cy: 50, r: 48, strokeWidth: 4 };
  return (
    <svg viewBox="0 0 100 100" className={styles.base}>
      <circle {...circleProps} fill="black" stroke="white" />
      <circle
```

```
        {...circleProps}
        fill="none"
        stroke="gold"
        strokeDasharray="314"
        strokeDashoffset={(1 - time) * 314}
      />
    </svg>
  );
};

export default GifShutterIcon;
```

src/components/gif/GifShutterIcon.css

```
.base {
  width: 100%;
  opacity: 0.75;
  transform: rotate(-90deg);
}
```

GIF撮影画面を作る

ここまでで作ったパーツを使って、`<GifPage>`を作ります。Stateには、撮影時間を入れる`recTime`、カメラのストリーム`stream`、生成中を表す`loading`、作ったGIFを入れる`blob`を設定します。そして、`blob`があるかどうかでコントローラーを切り替えるようにします。

src/components/gif/GifPage.js

```
import React from 'react';

import Layout from '~/components/common/Layout';
import Loading from '~/components/common/Loading';
import GifVideoView from '~/components/gif/GifVideoView';
import GifController from '~/components/gif/GifController';
import GifSaveController from '~/components/gif/GifSaveController';

/**
 * @typedef Props
 * @property {(page: string) => any} onChangePage
 * @property {(blob: Blob, ext: string) => any} onSave
 */

/**
```

```
 * @typedef State
 * @property {number} recTime
 * @property {MediaStream} stream
 * @property {boolean} loading
 * @property {Blob} [blob]
 */

/** @extends {React.Component<Props, State>} */
class GifPage extends React.Component {
  /** @type {State} */
  state = {
    recTime: 0,
    stream: null,
    loading: false,
    blob: null,
  };

  render() {
    const { stream, recTime, loading, blob } = this.state;
    const isTaken = !!blob;

    return (
      <Layout>
        <GifVideoView videoSrc={stream} imageSrc={blob} />
        {isTaken === false && (
          <GifController
            time={recTime}
            onRecStart={this.onRecStart}
            onRecStop={this.onRecStop}
            onChangeToCameraPage={this.onChangeToCameraPage}
          />
        )}
        {isTaken && (
          <GifSaveController onSave={this.onSave} onCancel={this.onCancel} />
        )}
        <Loading loading={loading} />
      </Layout>
    );
  }
}
```

```
export default GifPage;
```

メソッド部分は`<CameraPage>`を参考にしながら作ります。`initialize()`でカメラのストリームを取得しますが、GIFを作るときには大きな解像度を必要としないため、とくに設定を書かずに得られたストリームを使います。

src/components/gif/GifPage.js

```
class GifPage extends React.Component {
  componentDidMount() {
    this.initialize();
  }

  componentWillUnmount() {
    this.closeStream();
  }

  async initialize() {
    const stream = await navigator.mediaDevices
      .getUserMedia({ video: { facingMode: { ideal: 'environment' } } })
      .catch(() => null);
    if (!stream) {
      alert('Camera is not available.');
      return false;
    }
    this.setState({ stream });
  }

  closeStream() {
    const { stream } = this.state;
    if (!stream) {
      return false;
    }
    for (const track of stream.getTracks()) {
      track.stop();
    }
  }

  onRecStart = () => {};

  onRecStop = () => {};
```

```
  onSave = () => {
    const { blob } = this.state;
    this.props.onSave(blob, 'gif');
    this.setState({ blob: null });
  };

  onCancel = () => {
    this.setState({ blob: null });
  };

  onChangeToCameraPage = () => {
    this.props.onChangePage('camera');
  };
}
```

8.2 GifRecorderクラスを作る

ページができたので、つぎはGIFを撮影するためのGifRecoderクラスを作ります。基本的にはBarcodeReaderを作ったときと同じ要領で作ります。BarcodeReaderでは時間の計測をsetTimeout()で行っていましたが、今回はより正確な時間を得るためにrequestAnimationFrame()を使ってループさせます。

src/helpers/GifRecorder.js

```
import createVideoElement from '~/helpers/createVideoElement';

const CONFIG = Object.freeze({
  SIZE: 256,
  LIMIT: 10 * 1000,
  FPS: 15,
});

class GifRecoder extends EventTarget {
  video = null;
  canvas = document.createElement('canvas');
  startTime = null;
  /** @type {ImageData[]} */
  frameList = [];
  tickRaf = null;

  async setStream(stream) {
```

```
    if (this.video) {
      this.video.remove();
    }
    this.video = await createVideoElement(stream);
    Object.assign(this.canvas, {
      width: CONFIG.SIZE,
      height: CONFIG.SIZE,
    });
  }

  tick() { /* 後述 */ }

  startRecord() {
    if (!this.tickRaf) {
      this.startTime = Date.now();
      this.frameList = [];
      this.tickRaf = requestAnimationFrame(() => this.tick());
    }
  }

  stopRecord() {
    this.tickRaf = cancelAnimationFrame(this.tickRaf);
  }

  terminate() {
    this.video.remove();
  }
}

export default GifRecoder;
```

tick()内でstartTimeと現在の時刻の差分をとって、今のフレーム数を計算します。このタイミングでtickイベントを発火させると、撮影時間をUI側に送ることができます。今のフレーム数と撮影したフレームの数を比較して、合わない場合には1枚画像を撮影します。

src/helpers/GifRecorder.js

```
class GifRecoder extends EventTarget {
  tick() {
    const currentTime = Date.now() - this.startTime;
    const tickEvent = new CustomEvent('tick', {
      detail: currentTime / CONFIG.LIMIT,
```

```
    });
    this.dispatchEvent(tickEvent);

    const currentFrame = Math.floor((currentTime / 1000) * CONFIG.FPS);
    if (currentFrame > this.frameList.length) {
      this.frameList.push(this.imageData);
    }

    if (this.frameList.length < (CONFIG.LIMIT / 1000) * CONFIG.FPS) {
      this.tickRaf = requestAnimationFrame(() => this.tick());
    } else {
      this.stopRecord();
    }
  }
}
```

画像の撮影部分であるimageDataゲッターは、画像を正方形に切り取る処理を入れます。drawImage()では入力画像の大きさと出力先の大きさを指定することで、拡大・縮小処理ができます。

src/helpers/GifRecorder.js

```
class GifRecoder extends EventTarget {
  get imageData() {
    const { canvas, video } = this;
    const srcSize = Math.min(video.videoWidth, video.videoHeight);
    const srcPos = {
      x: (video.videoWidth - srcSize) / 2,
      y: (video.videoHeight - srcSize) / 2,
    };

    const ctx = canvas.getContext('2d');
    ctx.drawImage(
      video,
      ...[srcPos.x, srcPos.y, srcSize, srcSize],
      ...[0, 0, canvas.width, canvas.height],
    );
    return ctx.getImageData(0, 0, canvas.width, canvas.height);
  }
}
```

stopRecord()が呼び出されると、画像撮影を止めてgenerateGif()を実行します。generateGif()

の最初には生成を始めたgeneratingイベントを発火させます。UI側でローディング画面を表示させるために必要なイベントになります。そして、generateGif()の終わりには、生成されたBlobをgenerateイベントを発火させます。GIFを生成する部分は仮の実装を入れておきます。

src/helpers/GifRecorder.js

```
class GifRecoder extends EventTarget {
  stopRecord() {
    this.tickRaf = cancelAnimationFrame(this.tickRaf);
    this.generateGif();
  }

  async generateGif() {
    const generatingEvent = new CustomEvent('generating');
    this.dispatchEvent(generatingEvent);

    // TODO: Generating GIF
    await new Promise((resolve) => setTimeout(resolve, 3000));
    const blob = await fetch(
      'data:image/gif;base64,R0lGODlhAQABAIABAP///wAAACwAAAAAAQABAAACAkQBADs=',
    ).then((res) => res.blob());

    this.startTime = null;
    this.frameList = [];

    const generateEvent = new CustomEvent('generate', { detail: blob });
    this.dispatchEvent(generateEvent);
  }
}
```

このGifRecoderを<GifPage>に組み込みます。initialize()でストリームの設定とイベントリスナーの登録をします。onTick()では撮影時間が流れてくるので、それをrecTimeに設定します。onGenerating()では生成が始まったときのイベントが取れるため、loadingをtrueにして読み込み画面に変えます。onGenerate()には生成されたBlobが渡されます。忘れがちですが、componentWillUnmount()でterminate()を呼んで、ページ遷移時にGifRecoderを開放します。

src/components/gif/GifPage.js

```
import GifRecoder from '~/helpers/GifRecorder';

class GifPage extends React.Component {
  recorder = new GifRecoder();
```

```
  componentWillUnmount() {
    this.recorder.terminate();
    this.closeStream();
  }

  async initialize() {
    /* 省略 */
    this.recorder.setStream(stream);
    this.recorder.addEventListener('tick', this.onTick);
    this.recorder.addEventListener('generating', this.onGenerating);
    this.recorder.addEventListener('generate', this.onGenerate);
  }

  onTick = ({ detail: recTime }) => {
    this.setState({ recTime });
  };

  onGenerating = () => {
    this.setState({ loading: true });
  };

  onGenerate = ({ detail: blob }) => {
    this.setState({
      blob,
      recTime: 0,
      loading: false,
    });
  };

  onRecStart = () => {
    this.setState({ recTime: 0 }, () => {
      this.recorder.startRecord();
    });
  };

  onRecStop = () => {
    this.recorder.stopRecord();
  };
}
```

ここまでを実際に動かすと、3秒間待った後に白い画像が表示されるはずです。

8.3 RustとWebAssemblyでGIFを作る

Rustの環境構築

今回WebAssemblyを開発するために、Rust[1]という言語を使います。RustはMozillaが開発するコンパイラ言語で、他の言語に比べてWebAssembly対応が充実しています。日本語ドキュメントも整っている[2]ため、本書でわからない部分はそちらも参照してください。

まずはRustの環境を構築します。Rustの環境構築にはRustup[3]というツールを使うのが簡単です。Windowsの場合は、公式サイトにある実行ファイルからインストールします。macOSやLinuxの場合は、インストールスクリプトを実行してインストールします。

```
$ curl https://sh.rustup.rs -sSf | sh
```

インストールを終えたら、新しいRustのプロジェクトを作ります。今回は`src/wasm`にRustのコードを置きます。プロジェクトの初期化は、Rustのパッケージ管理ツールであるCargoを使います。初期化をするとフォルダー内に`.gitignore`ファイルが生成されますが、WebAssembly用の設定が不足しているため追記します。

```
$ cargo new --lib src/wasm
$ cat << EOF >> src/wasm/.gitignore
/bin
/pkg
wasm-pack.log
EOF
```

つづいてwebpackの設定を変えます。`@wasm-tool/wasm-pack-plugin`[4]を使うと、webpack実行時にRustのコードをWebAssemblyにビルドしてくれます。`crateDirectory`にはRustのプロジェクトフォルダーである`src/wasm`を指定します。

```
$ yarn add --dev @wasm-tool/wasm-pack-plugin
```

webpack.config.js

```
const WasmPackPlugin = require('@wasm-tool/wasm-pack-plugin');

/** @type {import('webpack').Configuration} */
const config = {
  plugins: [
```

1.https://www.rust-lang.org/
2.https://doc.rust-jp.rs/
3.https://rustup.rs/
4.https://github.com/wasm-tool/wasm-pack-plugin

```
    new WasmPackPlugin({
      crateDirectory: path.resolve(__dirname, './src/wasm'),
    }),
  ],
};
```

`@wasm-tool/wasm-pack-plugin`では`wasm-pack`[5]を使ってWebAssemblyをビルドします。`wasm-pack`がインストールされていない場合は自動でインストールされます。

GifEncoder

Rustのコードを書いていく前に、必要なライブラリーを設定します。`Cargo.toml`はクレートの情報を書くファイルで、依存関係やビルドオプションなどを記述できます。クレートとはNode.jsにおけるパッケージのことで、`Cargo.toml`は`package.json`のようなものと考えてください。

`lib.crate-type`にはクレートの種類を指定します。外部のシステムに読み込ませるライブラリーを表す`cdylib`を指定します。テストコードを書きたい場合には追加で`rlib`も指定します。

`dependencies`は名前の通り依存するクレートを記述します。今回はGIFを作成する`gif`、減色処理をする`color_quant`が必要です。また、WebAssembly用のヘルパーが含まれている`wasm-bindgen`、ブラウザーのコンソールにエラーを出力する`console_error_panic_hook`も用意しておきます。

src/wasm/Cargo.toml

```
[lib]
crate-type = ["cdylib"]

[dependencies]
color_quant = "1.0.1"
console_error_panic_hook = "0.1.6"
gif = "0.10.1"
wasm-bindgen = "0.2.37"
```

実際のコードを書いていきます。`extern crate`で宣言すると外部のクレートを読み込むことができます。この記述は慣例としてファイルの先頭に書くことが多いですが、処理の途中で読み込むこともできます。Node.jsにおける`require()`のようなものだと考えてください。

src/wasm/src/lib.rs

```
extern crate color_quant;
extern crate console_error_panic_hook;
extern crate gif;
extern crate wasm_bindgen;
```

5.https://rustwasm.github.io/wasm-pack/

extern crateした時点でクレート名と同じ名前のモジュールとして展開されます。しかし、使うときに毎回クレート名を入力すると煩雑になるため、useで使うオブジェクトを宣言します。useすると、オブジェクト名でオブジェクトが展開されます。Pythonのimport構文に似た記法と考えれば、わかりやすいかもしれません。

src/wasm/src/lib.rs

```
use color_quant::NeuQuant;
use console_error_panic_hook::set_once as set_panic_hook;
use gif::{Encoder, Frame, Repeat, SetParameter};
use wasm_bindgen::prelude::*;
```

structは構造体を作ります。TypeScriptを書いたことある方は、インターフェースのようなものと捉えるのがよいかと思います。構造体にはフィールドの型情報を書きます。Vec<T>はベクタ型で、u8は符号なし8ビット整数、u16は符号なし16ビット整数を表します。ベクタ型は動的に拡張できる配列で、JavaScriptの配列のようなものと考えるとわかりやすいでしょう。

#[~]で書かれるのはアトリビュートと呼ばれるものです。直下のオブジェクトに属性値をつけるもので、コンパイラや実行エンジンに情報を与えるために使います。wasm-bindgenでは#[wasm_bindgen]アトリビュートを見て、WebAssemblyで扱うかどうかを判断します。

pubが先頭につくと、外部からオブジェクトにアクセスできるようになります。

src/wasm/src/lib.rs

```
struct FrameData {
  buffer: Vec<u8>,
}

#[wasm_bindgen]
pub struct GifEncoder {
  width: u16,
  height: u16,
  frames: Vec<FrameData>,
}
```

いよいよメソッドを作ります。メソッドはfnから始まります。まずはエラーを出力するクレートを準備するためのinitialize()を作ります。WebAssemblyで呼び出せるように#[wasm_bindgen]とpubを忘れずにつけます。

src/wasm/src/lib.rs

```
#[wasm_bindgen]
pub fn initialize() {
  set_panic_hook();
}
```

implでstructに紐づくメソッドを定義できます。implはJavaScriptのクラスのようにも見えますが、大きく違う点は**コンストラクターがない**という点です。代わりに慣例としてnew()という静的メソッドを作ります。メソッドに引数や返り値がある場合、引数と返り値の型を記述します。

Rustにおけるnew()は、JavaScriptのクラスのコンストラクターと捉えることができます。#[wasm_bindgen(constructor)]でコンストラクターとして登録すると、wasm-bindgenがJavaScript側からクラスのように使える変換をかけてくれます。

src/wasm/src/lib.rs

```
#[wasm_bindgen]
impl GifEncoder {
  #[wasm_bindgen(constructor)]
  pub fn new(width: u16, height: u16) -> GifEncoder {
    GifEncoder {
      width,
      height,
      frames: Vec::new(),
    }
  }
}
```

つぎはフレーム画像の登録です。Rustではメソッドの第1引数にselfが含まれる場合、インスタンスメソッドとして扱います。また、Rustは変数がミュータブルでないことがデフォルトであるため、変更を加えたい場合はmutをつける必要があります。

wasm-bindgenによってJavaScriptから呼び出したときの引数が変換されます。この変換ルールはwasm-bindgenのドキュメント[6]を参照してください。今回はUint8ClampedArrayを渡すため、引数の型はVec<u8>にします。

Rustでは慣例としてメソッド名をスネークケースで記述します。一方で、JavaScriptではキャメルケースで記述するのが一般的です。#[wasm_bindgen(js_name)]では、メソッド名の変換を行います。

src/wasm/src/lib.rs

```
#[wasm_bindgen]
impl GifEncoder {
  #[wasm_bindgen(js_name = addFrame)]
  pub fn add_frame(&mut self, buffer: Vec<u8>) {
    let data = FrameData { buffer: buffer };
    self.frames.push(data);
  }
}
```

6.https://rustwasm.github.io/wasm-bindgen/reference/types.html

render()ではGIFの生成をします。Option<T>型はオプショナルな引数を定義するときに使います。unwrap_or()で値がなかった場合のフォールバックを指定できます。

Vec::new()で新しいベクタを作成します。Rustではベクタにstd::io::Writeトレイトが実装されているため、データの出力先として使えます。このベクタを_render()に渡してGIFを出力させます。

src/wasm/src/lib.rs

```
#[wasm_bindgen]
impl GifEncoder {
  pub fn render(&self, fps: Option<u16>) -> Vec<u8> {
    let mut output = Vec::new();
    self._render(&mut output, fps.unwrap_or(2));
    output
  }
}
```

_render()の最初に256色に減色したパレットを作る_quantize()を実行します。_quantize()では与えた色から適切な256色を生成してくれますが、すべてのピクセルを与えると計算時間が長くなってしまいます。今回は10ピクセルごとに色を抽出することで、計算量を減らしています。chunks_exact(4)で4バイトごとのスライスに分けて、step_by()で一定数ずつスキップしています。スライスとは固定長配列のことと考えてもらえれば、今回の実装では困りません。

Vec.extend()は与えたスライスの中身をベクタに追加します。JavaScriptで例えるならば、Array.push(...arr)のような感じです。さいごに生成したカラーマップと減色化インスタンスをタプルを使って返します。Rustではさいごの値にセミコロンがなければ返り値とみなされます。return構文もありますが、Rustの慣例としては滅多に使いません。

src/wasm/src/lib.rs

```
#[wasm_bindgen]
impl GifEncoder {
  fn _render(&self, output: &mut Vec<u8>, fps: u16) {
    let (color_map, quant) = self._quantize(10);
    /* 後述 */
  }

  fn _quantize(&self, step: usize) -> (Vec<u8>, NeuQuant) {
    let image_size = self.width as usize * self.height as usize;
    let mut colors: Vec<u8> =
      Vec::with_capacity(image_size * 4 * self.frames.len() / step);

    for data in &self.frames {
      let pixel_iter = data.buffer.chunks_exact(4).step_by(step);
```

```
      for pixel in pixel_iter {
        colors.extend(pixel);
      }
    }

    let quant = NeuQuant::new(10, 256, &colors);
    let color_map = quant.color_map_rgb();

    (color_map, quant)
  }
}
```

_render()に戻ります。encoderを作ったら、Repeat::Infiniteでアニメーションを無限ループに設定します。すべての画像データをパレット番号に変換してindexesとしてベクタにします。from_indexed_pixels()では縦横のサイズとパレット番号と与え、返ってきたFrameのdelayでFPSを設定します。

src/wasm/src/lib.rs

```
#[wasm_bindgen]
impl GifEncoder {
  fn _render(&self, output: &mut Vec<u8>, fps: u16) {
    let (color_map, quant) = self._quantize(10);
    let mut encoder =
      Encoder::new(output, self.width, self.height, &color_map).unwrap();
    encoder.set(Repeat::Infinite).unwrap();

    for data in &self.frames {
      let pixel_iter = data.buffer.chunks_exact(4);
      let indexes: Vec<u8> = pixel_iter
        .map(|pixel| quant.index_of(pixel) as u8)
        .collect();

      let mut frame =
        Frame::from_indexed_pixels(self.width, self.height, &indexes, None);
      frame.delay = 100 / fps;
      encoder.write_frame(&frame).unwrap();
    }
  }
}
```

これでGIFを作るRustのコードはすべてになります。つぎはこのクラスをComlinkでWebWorker

から呼び出します。

Comlink と WebAssembly

wasm-packでビルドすると、Rustのプロジェクトフォルダーにpkgが生成されます。これをimportすると、wasm-bindgen経由でWebAssemblyを読み込むことができます。

実際のコードを見ながら説明します。~/wasm/pkgが生成されたパッケージになります。ここでDynamic importを使っているのは、webpackでWebAssemblyを読み込む場合にDynamic import経由でなければならないからです。実際にWebAssemblyを読み込むコードを書くとわかりますが、WebAssemblyを動かすには.wasmファイルをfetch()するため、非同期で読み込む前提になっています。

Dynamic importはPromiseでモジュールの中身を返します。ここで**読み込む前のオブジェクトはComlink.expose()できない**点に注意しましょう。Comlinkで扱うためにはinitialize()関数を用意して、モジュールが読み込まれるまで待ちます。ついでにRustで書いたinitialize()メソッドもwasm.initialize()から実行しておきます。さいごにexposed.GifEncoderにwasm.GifEncoderを代入すれば準備完了です。

src/workers/gif.js

```
import * as Comlink from 'comlinkjs';

const wasmImport = import('~/wasm/pkg');

const exposed = {
  /** @type {import('~/wasm/pkg').GifEncoder} */
  GifEncoder: null,
  async initialize() {
    const wasm = await wasmImport;
    wasm.initialize();
    exposed.GifEncoder = wasm.GifEncoder;
  },
};

Comlink.expose(exposed, self);
```

WebWorkerの読み込みは他のときと同じです。使うときになったら、Comlink.proxy()でラップします。ラップしたら、wasm.initialize()でWebAssemblyが読み込まれるまで待ちます。そのあとはRustで定義したimplのように動くクラスとして扱います。GifEncoderには縦横サイズを与えて初期化します。addFrame()では引数にUint8ClampedArrayを与えるので、ImageData.dataを渡します。render()にFPSを渡すことで、結果がUint8Arrayで返ってきます。wasm-bindgen経由のWebAssemblyで作ったクラスは、使い終わったら開放する必要があります。free()は自動で追加される開放用のメソッドです。

src/helpers/GifRecorder.js

```
import * as Comlink from 'comlinkjs';

class GifRecoder extends EventTarget {
  worker = new Worker('~/workers/gif.js', { type: 'module' });

  async generateGif() {
    const generatingEvent = new CustomEvent('generating');
    this.dispatchEvent(generatingEvent);

    const wasm = Comlink.proxy(this.worker);
    await wasm.initialize();

    const encoder = await new wasm.GifEncoder(CONFIG.SIZE, CONFIG.SIZE);
    for (const frame of this.frameList) {
      await encoder.addFrame(frame.data);
    }
    const blob = new Blob([await encoder.render(CONFIG.FPS)], {
      type: 'image/gif',
    });
    await encoder.free();

    this.startTime = null;
    this.frameList = [];

    const generateEvent = new CustomEvent('generate', { detail: blob });
    this.dispatchEvent(generateEvent);
  }

  terminate() {
    this.video.remove();
    this.worker.terminate();
  }
}
```

これでアニメーションGIFの撮影ができるようになりました！developmentビルドではGIFの生成に少し時間がかかりますが、productionビルドではかなり高速に作成できるはずです。

第9章　PWAとして配信しよう

PWA（Progressive Web Apps）とは、ウェブアプリをよりネイティブアプリのような体験にするための技術群のことです。つまり、PWA自体は特定の技術を指す言葉ではありません。

本書では、PWAとしてよく取り上げられるふたつの要素を実装します。ひとつは“Add to Homescreen”という技術で、これを使うとスマートフォンのホーム画面にアイコンを並べることができます。もうひとつは“Service Worker”という技術で、通信の内容を操作することで高度なキャッシュ管理などができるようになります。このふたつの技術を実装することで、ネイティブアプリのようにホーム画面から起動でき、オフラインでも使えるウェブアプリが作れます。

9.1　Web Manifestでアプリの設定をする

まずは、“Add to Homescreen”の設定します。“Add to Homescreen”とは俗称で、W3Cの仕様書では“Web App Manifest”[1]として策定が進んでいます。ウェブアプリの情報をWeb App Manifestファイルとして提供すると、ホーム画面にウェブアプリのアイコンを表示できるようになります。

Web App Manifestファイル（以降、Manifestファイル）はJSON形式で記述されるため、自分で書いて設定することができます。拡張子は`.webmanifest`が推奨されていますが、JSON形式で記述するため多くのブラウザーでは`.json`でも読み込まれます。書いたManifestファイルは、HTMLの`<link>`タグを使ってブラウザーに通知します。

```
<link rel="manifest" href="manifest.webmanifest" />
```

Manifestファイルでは、アプリの名前やアイコン、画面の向きなどを指定できます。指定できるプロパティーの一覧は、MDN[2]のドキュメントを参照してください。今回はwebpackのプラグインからManifestファイルを作成します。

`webpack-pwa-manifest`は、Manifestファイルを生成するwebpackプラグインです。また同時に、アイコンを複数のサイズに変換したり、iOS用の`<meta>`タグを設定したりといった、“Add to Homescreen”に必要な処理もこなしてくれます。

```
$ yarn add --dev webpack-pwa-manifest
```

Manifestファイルに必要とされるプロパティーは、ブラウザーごとに異なります。Chromeでは

1.https://w3c.github.io/manifest/
2.https://developer.mozilla.org/ja/docs/Web/Manifest

name、short_name、start_url、192 × 192サイズのアイコンになります[3]。MDNのドキュメントでは加えてbackground_color、displayを必要としています[4]。各プロパティーの説明は表9.1に記載しました。

表9.1: Web App Manifestファイルのプロパティー

プロパティー名	
start_url	起動して初めに表示されるページURL
name	名前
short_name	名前（表示枠が狭い場合）
background_color	背景色（主に起動画面で使う）
theme_color	テーマカラー（タブの色などで使う）
orientation	画面の向き
display	画面の表示モード
icons	アイコンのサイズとURL

さらにwebpack-pwa-manifestの設定では、iosで<meta>タグに指定する値を具体的に設定できます。使えるプロパティーの一覧は "Safari Web Content Guide"[5]を参照してください。また、iconsで設定する画像のプロパティーのiosをtrueにすると、アイコン画像もiOS用の<meta>タグとして挿入されます。

実際の設定例は次のとおりです。filenameではManifestファイルの出力先を指定でき、デフォルト値はmanifest.jsonになっています。今回は仕様に合わせる形で変更しています。iconsのsrcに画像ファイルを指定すると、プラグイン側でsizesに合わせたリサイズをしてくれます。今回はsrc/assets/app-icon.pngにアイコン画像を入れて、プラグインにファイルパスを渡しています。<meta>タグや<link>タグはhtml-webpack-pluginの機能で挿入されるため、html-webpack-pluginの設定を先に書く必要があります。

webpack.config.js

```
const WebpackPwaManifest = require('webpack-pwa-manifest');

const config = {
  plugins: [
    new HtmlWebpackPlugin({/* 省略 */}),
    new WebpackPwaManifest({
      filename: 'manifest.webmanifest',
      name: 'The Camera',
      short_name: 'The Camera',
```

3.https://developers.google.com/web/fundamentals/app-install-banners/

4.https://developer.mozilla.org/en-US/docs/Web/Progressive_web_apps/Add_to_home_screen

5.https://developer.apple.com/library/archive/documentation/AppleApplications/Reference/SafariWebContent/ConfiguringWebApplications/ConfiguringWebApplications.html

```
      description: 'The Camera App works on Browser!',
      background_color: '#000000',
      theme_color: '#000000',
      orientation: 'portrait',
      display: 'standalone',
      ios: {
        'apple-mobile-web-app-capable': 'yes',
        'apple-mobile-web-app-status-bar-style': 'black',
      },
      icons: [
        {
          src: path.resolve(__dirname, './src/assets/app-icon.png'),
          sizes: [120, 152, 167, 180, 1024],
          ios: true,
        },
        {
          src: path.resolve(__dirname, './src/assets/app-icon.png'),
          sizes: [36, 48, 72, 96, 144, 192, 512],
        },
      ],
    }),
  ],
};
```

設定がうまくできたかを確認するには、ChromeのDevToolsを使う方法が簡単です。Androidの場合は`chrome://inspect`ページから対象のページの"inspect"をクリックします。DevToolsにはいくつかのタブがありますが、"Application"タブの中にある"Manifest"の項目を開きます。設定が合っていれば、図9.1のように読み込まれたManifestファイルの内容が確認できます。

図9.1: Chrome DevToolsでManifestファイルを確認する

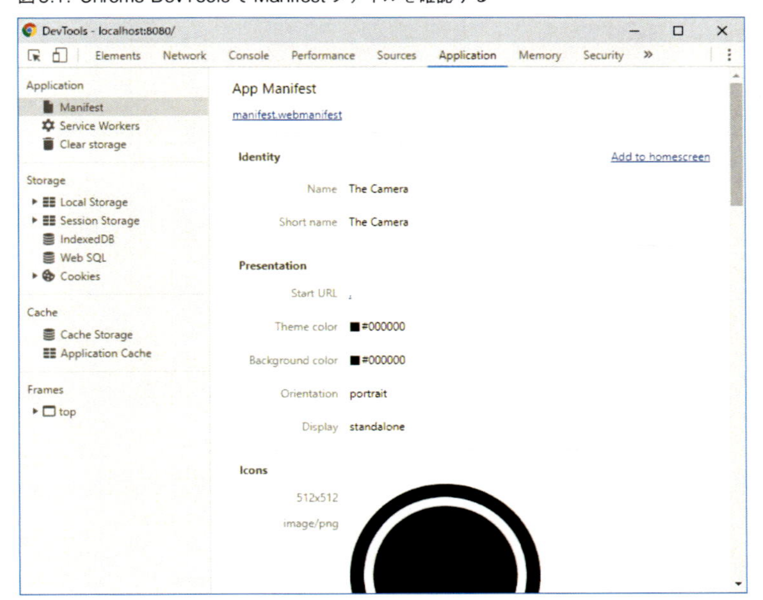

これでホーム画面に追加できるかというと、残念ながらまだできません。“Add to Homescreen”を有効にするには、HTTPS通信である必要があります[6]。また、Chromeには追加で「Service Workerを有効にする」という条件が加わります。この2点を解決していきましょう。

開発時にHTTPS通信をするためのツール

どうしても開発時にHTTPS通信を試したい場合、自分でSSL証明書を生成して使う方法があります。`webpack-dev-server`では実行時に`--https`オプションをつけると、自動でSSL証明書を生成してHTTPS通信を可能にします。例えば`8080`番ポートで開発をしている場合、接続するURLは`https://localhost:8080`になります。一方で、自分で生成したSSL証明書はブラウザーで有効な証明書と判断されず、接続時にエラーが表示されたり一部の機能が使えなくなったりします。そのため、有効な証明書であることを検証できるように、ルート証明書も生成して開発用デバイスに入れておく必要があります。

より簡単に有効なSSL証明書を使ってHTTPS通信を試す方法は、開発用プロキシーサービスを使う方法です。HTTPS通信が可能な外部サーバーを経由してデータをやり取りするサービスのことを指します。開発用プロキシーサービスとローカル開発サーバーを接続すると、HTTPS通信ができるランダムなURLが生成されます。このようなサービスを使うときには、`webpack-dev-server`の`allowHosts`にサービスのドメインを追加して、外部からの接続を許可します。

6.Firefoxではlocalhostの開発でもHTTPS通信が必要になります

webpack.config.js

```
const config = {
  devServer: {
    host: '0.0.0.0',
    // ngrokを使う場合
    allowedHosts: ['.local', '.ngrok.io'],
  },
};
```

よく使われるサービスには、ngrok[7]（図9.2）やlocaltunnel[8]、serveo[9]などがあります。開発用プロキシーサービスでは、サービスの提供するサーバーを経由して通信するため、サービス側に悪意があった場合に傍受される可能性があります。また、発行されたURLからであれば誰でもアクセスできる状態になるため、第三者が接続する可能性も少なからずあります。よって、社内プロダクトなどの機密性の高い開発では使わず、個人開発などで使うことをお勧めします。逆も然りで、発行したURLは有効期限が切れたあとに他のサーバーへ割り当てられるため、間違えて他のサーバーへアクセスしないように気をつけましょう。

図9.2: ngrokを使った場合の画面

```
Session Status                online
Session Expires               7 hours, 54 minutes
Version                       2.2.8
Region                        United States (us)
Web Interface                 http://127.0.0.1:4040
Forwarding                    http://dbeb3cc7.ngrok.io -> localhost:8080
Forwarding                    https://dbeb3cc7.ngrok.io -> localhost:8080

Connections                   ttl     opn     rt1     rt5     p50     p90
                              12      0       0.01    0.02    5.78    22.32

HTTP Requests
-------------

GET /e9964d023b43dd775d2d40a812bfbb82.mp3                 206 Partial Content
GET /0.d0607549.worker.js                                 200 OK
GET /icon_192x192.4e19dcb99c7f74b626934c1da91ce038.png    304 Not Modified
GET /main.2e5049d8.js                                     200 OK
GET /manifest.webmanifest                                 304 Not Modified
GET /                                                     200 OK
GET /favicon.ico                                          404 Not Found
GET /icon_192x192.4e19dcb99c7f74b626934c1da91ce038.png    304 Not Modified
GET /main.cb2a60d9.js                                     200 OK
GET /manifest.webmanifest                                 304 Not Modified
```

7.https://ngrok.com/

8.https://localtunnel.github.io/www/

9.https://serveo.net/

9.2 Service Workerでオフライン対応する

Service Workerとは、ブラウザーのバックグラウンドで動くJavaScriptのことで、主にウェブページにおける通信を制御することができます。例えば、レスポンスデータをブラウザーのCache Storageに保存しておき、再度アクセスされたときにCache Storageから返すといったキャッシュ機構を実装できます。高度な例では、任意のレスポンスデータを返せることを利用して、サーバー上に存在しないファイルをブラウザー上で作成してアクセスさせることもできます。また、通信の制御だけでなくPush API[10]を使ったプッシュ通知の実装なども可能です。

Service Workerはインストールされるとブラウザーに保存され、オフラインであっても起動します。よって、上手にキャッシュ機構を実装するとオフラインでもアクセスできるウェブページが作れるようになります。オフラインでも読み込めるウェブページを作ることは、ウェブアプリを配信する上でとても重要になります。

今回は、Service Workerを使ってウェブページをオフライン対応するためのライブラリー"Workbox"[11]を使って実装します。Workboxにはwebpackプラグインが用意されており、基本的にはいくつかの設定をするだけでオフライン対応ができます。まずはWorkboxのwebpackプラグインをインストールします。

```
$ yarn add --dev workbox-webpack-plugin
```

workbox-webpack-pluginにはGenerateSWとInjectManifestがあります。InjectManifestは既にあるService WorkerのファイルにWorkboxを追加する場合に使います。今回は新しくService Workerを作るため、GenerateSWを使いましょう。

今回は最低限の設定のみに留めるため、GenerateSWで使えるすべての設定項目はドキュメントを参照してください[12]。swDestでは出力ファイル名を設定します。cacheIdにはキャッシュするときの識別子を設定しますが、設定しなくても問題ありません。ただし、localhostで他のウェブアプリを開発するときにキャッシュが混在する場合があるため、設定することを推奨します。excludeではキャッシュの対象外にするファイルを指定します。

runtimeCachingにあるhandlerで、どのようにキャッシュをするか設定できます。CacheOnly、NetworkOnlyは、キャッシュまたはインターネットのみを使ってレスポンスを返します。CacheFirst、NetworkFirstでは、キャッシュまたはインターネットから優先的にレスポンスを返します。StaleWhileRevalidateを使うと、先にキャッシュをレスポンスとして返しておき、裏でインターネットからレスポンスを取得しキャッシュに格納します。

変更がないものはCacheFirst、頻繁に変更されるものはNetworkFirst、更新はあるものの即座に反映する必要がないものはStaleWhileRevalidateとして使い分けるとより良いでしょう。今回はすべてStaleWhileRevalidateとして設定します。

webpack.config.js

```
const { GenerateSW } = require('workbox-webpack-plugin');

const config = {
  plugins: [
    new GenerateSW({
      swDest: 'service-worker.js',
```

10.https://developer.mozilla.org/ja/docs/Web/API/Push_API

11.https://developers.google.com/web/tools/workbox/

12.https://developers.google.com/web/tools/workbox/modules/workbox-webpack-plugin

```
      cacheId: 'the-camera',
      exclude: [/\.map$/, /\.hot-update\./],
      runtimeCaching: [
        {
          urlPattern: /./,
          handler: 'StaleWhileRevalidate',
        },
      ],
    }),
  ],
};
```

Service Workerは、UIスレッドから読み込んで登録する必要があります。serviceWorker.register()にService Workerのファイルパスを与えると登録できます。

src/index.js

```
if ('serviceWorker' in navigator) {
  document.addEventListener('DOMContentLoaded', () => {
    navigator.serviceWorker.register('service-worker.js');
  });
}
```

これでService Workerの設定とオフライン対応が完了しました！Chromeであれば、localhostからのアクセスでも"Add to Homescreen"が試せるため、この時点で使えるようになります。

ChromeのDevToolsに搭載されている"Lighthouse"[13]という監査ツールを使うと、PWAとしての設定ができているかの確認ができます。Lighthouseはデスクトップ版のChromeからアクセスしたサイトに対して使います。まずはデスクトップ版Chromeで開発用サーバーに接続します。DevToolsの"Audits"タブを開くと監査の設定画面が表示されます。"Device"は"Mobile"、"Audits"には"Progressive Web App"を選択します。

実行すると画面が切り替わり、図9.3のような結果が表示されます。点数が高いほどより良い設定ができていることになります。この監査によって報告されたことはできるだけ修正しておくとPWAの質が上がりますが、必ずしもすべてを実現する必要はありません。例えばこのカメラアプリでは、「JavaScriptが読み込まれるまで何も表示されない」ことが報告されていますが、PWAとして配信するだけであれば大きな問題ではありません。上手くいかないときの問題点を探すためのツールとして捉えるのがよいかと思います。

13.https://github.com/GoogleChrome/lighthouse

図9.3: Lighthouseの結果

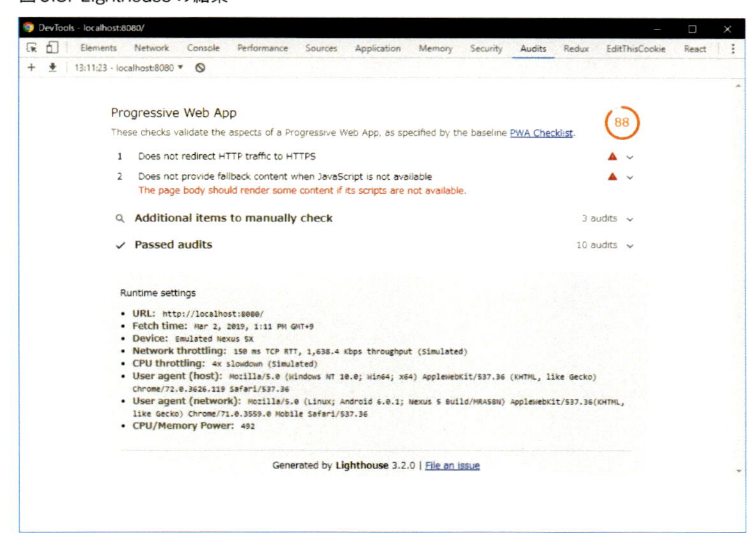

Service Workerをリセットするには

Service Workerはレスポンスを書き換えることができるため、実装に失敗すると最悪の場合サイトにアクセスできなくなります。これに対応するには、開発中であればChromeのDevToolsにある"Application"から"Clear storage"を開くと、サイトに関するデータをすべて削除できます。

図9.4: アプリケーションデータを削除する

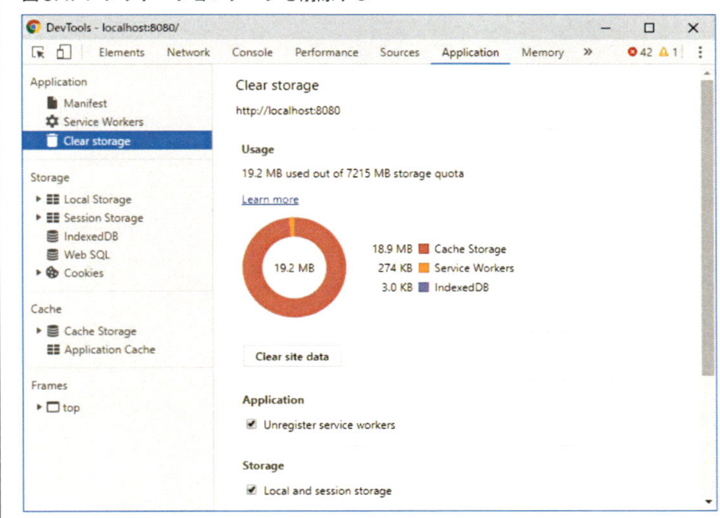

また、Chromeの場合は`chrome://serviceworker-internals`、Firefoxの場合は`about:debugging#workers`からServiceWorkerの登録解除ができます。

一方、既に配信されてしまったService Workerで失敗すると、すぐに修正することが難しくなってしまいます。Service Workerの仕様では、登録したService Workerファイルを毎回取得して、差分がある場合に更新するようになっています。このときはService Workerを経由せずにリクエストされるため、ファイルを更新すれば修正することができます。

ただし、24時間以内に取得したブラウザー側のキャッシュがある場合は、キャッシュが返されて更新されないことがあります。そのため、更新する頻度に応じて適切な`Cache-Control`ヘッダーをつけておきましょう。次のヘッダーをつけるとキャッシュがされずに毎回ファイルを取得します。

```
Cache-Control: no-cache,max-age=0
```

2019年2月現在におけるiOS Safariの対応状況

2019年2月現在、iOS Safariでは次に挙げた条件の場合に、ホーム画面のアイコンからアクセスすると`getUserMedia`が未定義になるバグが報告されています。

- Manifestファイルがない状態で`apple-mobile-web-app-capable`にyesが設定されている場合
- Manifestファイルの`display`に`standalone`または`fullscreen`が指定されている場合

今後の対応については、バグが報告されている次のURLを参照してください。

- https://bugs.webkit.org/show_bug.cgi?id=180551
- https://bugs.webkit.org/show_bug.cgi?id=185448

今回のカメラアプリでは`getUserMedia`が使えないと、残念ながら何もできません。このバグが修正されるまでは、`apple-mobile-web-app-capable`をnoに設定し、`display`は`minimal-ui`を指定する必要があります。この設定の場合でもホーム画面への追加はできますが、サイトを開くときは通常のSafariの画面になります。

実際には、通常のブラウザーでは`display`を`standalone`や`fullscreen`にして、iOS Safariでのみ`display`を切り替えるのが理想の実装かと思います。現状のiOS Safariでは、"Add to Homescreen"をするときにManifestファイルを読み込むようになっており、このリクエストは通常通りService Workerを経由します。よって、Service Worker側でリクエストを書き換えることによって、iOS Safariでだけ`display`を`minimal-ui`にすることができます。

Workboxでは、`runtimeCaching`の`options.plugins`にレスポンスを操作するためのプラグインを追加できます。Workbox v4から搭載された`fetchDidSucceed()`は、データを取得したあとに実行される関数で返り値がブラウザーに渡されるレスポンスになります。ここでユーザーエージェントからiOS Safariであるかどうかを判定し、必要に応じてManifestファイルを書き換えます。

実際のコードは次のようになります。`skipWaiting`を`true`にすると、ウェブアプリに初めてアクセスしたときからWorkboxが有効になります。正確には、新しいService Workerが読み込まれたときに、古いService Workerと即座に切り替えるためのオプションです。また、Manifestファイルをキャッシュさせないように`exclude`へ設定を追加しておきます。

webpack.config.js

```
const config = {
  plugins: [
    new WebpackPwaManifest({
      ios: {
        'apple-mobile-web-app-capable': 'no',
      },
    }),
    new GenerateSW({
      /* 変更しない部分は省略 */
      skipWaiting: true,
      exclude: [/\.map$/, /\.hot-update\./, /\.webmanifest$/],
      runtimeCaching: [
```

```
      {
        urlPattern: /\.webmanifest$/,
        handler: 'NetworkOnly',
        options: {
          plugins: [
            {
              fetchDidSucceed: async ({ request, response }) => {
                const ua = request.headers.get('User-Agent');
                if (/\b(iPad|iPhone)\b/.test(ua) === false) {
                  return response;
                }
                const manifest = Object.assign(
                  JSON.parse(await response.text()),
                  { display: 'minimal-ui' },
                );
                const modified = new Blob([JSON.stringify(manifest)]);
                return new Response(modified);
              },
            },
          ],
        },
      },
      {
        urlPattern: /./,
        handler: 'StaleWhileRevalidate',
      },
    ],
  }),
 ],
};
```

9.3 Netlifyで配信する

いよいよウェブアプリを配信してみます。ブラウザーのAPIをすべて使えるように、配信するときにはHTTPS通信ができるサーバーを構築する必要があります。今回はウェブサイトのホスティングサービスである"Netlify"[14]を使って配信します。Netlifyは基本機能だけであれば無償で使える

14.https://www.netlify.com/

上に、ホスティング機能やその他便利な機能が充実しているため、個人開発のウェブアプリ配信には最適です。

Netlifyではホスティングの前にサイトのビルドをする機能が備わっています。ビルドに使われるサーバーにはRustがインストールされていないため、インストールスクリプトを書いて対応します。Rustupのインストールコマンドを実行し、PATHにRustのディレクトリーを追加します。その後、yarn buildコマンドでwebpackからビルドします。

scripts/build.sh

```
#!/bin/bash
set -eu

echo ">>> Setup Rustup"
curl https://sh.rustup.rs -sSf | sh -s -- -y
export PATH=$PATH:$HOME/.cargo/bin

echo ">>> Build"
yarn build
```

また、Netlifyでは_headersファイルに設定を書くと、特定のファイルに対してHTTPヘッダーを指定できます。例えば、service-worker.jsのCache-Controlや、Origin Trialsのトークンを指定する場合は次のようになります。パスの指定にはワイルドカードが使えます。

public/_headers

```
/service-worker.js
  Cache-Control: no-cache,max-age=0

/*
  Origin-Trial: PUT_YOUR_TOKEN_HERE
```

_headersはサイトのルートに置く必要があります。webpackのビルド時にファイルをコピーするように設定しましょう。copy-webpack-pluginは、ビルド時に指定したフォルダーの中身を出力先のフォルダーにそのままコピーしてくれるプラグインです。

```
$ yarn add --dev copy-webpack-plugin
```

webpack.config.js

```
const CopyPlugin = require('copy-webpack-plugin');

const config = {
  plugins: [
```

```
    new CopyPlugin([
      {
        from: path.resolve(__dirname, 'public'),
        to: './',
      },
    ]),
  ],
};
```

ここまで書いたコードをGitホスティングサービスにアップロードしておきます。Netlifyがサポートしているサービスは、GitHub、GitLab、Bitbucketになります。Netlifyにログインして“New site from Git”へ進み、Gitホスティングサービスを選択してください。“Build command”には`sh ./scripts/build.sh`、“Publish directory”には`dist`を設定します（図9.5）。

図9.5: Netlifyの設定画面

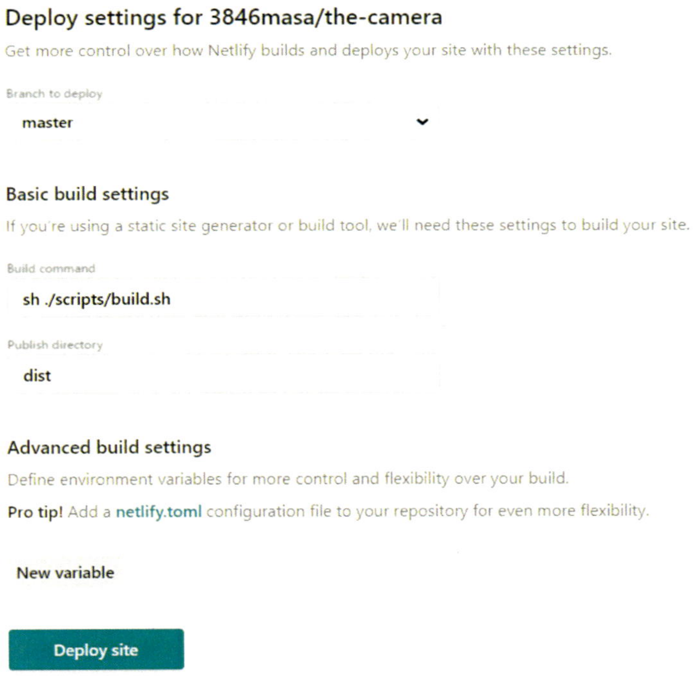

Deploy settings for 3846masa/the-camera

Get more control over how Netlify builds and deploys your site with these settings.

Branch to deploy

master

Basic build settings

If you're using a static site generator or build tool, we'll need these settings to build your site.

Build command

sh ./scripts/build.sh

Publish directory

dist

Advanced build settings

Define environment variables for more control and flexibility over your build.

Pro tip! Add a netlify.toml configuration file to your repository for even more flexibility.

New variable

Deploy site

ビルドが成功すると“Overview”タブで配信先のURLが表示されます。実際にアクセスしてうまく動くか確認しましょう。これで自分で作ったウェブアプリを多くの人に使ってもらえますね！

9.4 Androidアプリとして配信する

Trusted Web Activity

PWAはウェブアプリであるため、サイトにアクセスするだけでインストールせずに使い始めることができる利点がありました。しかし、多くの人はGoogle PlayやApp Storeなどのアプリストアからインストールします。アプリを作ったならば、こういったアプリストアに自分のアプリを並べたくなると思います。

従来ではウェブアプリをアプリストアに並べるため、ネイティブアプリのコンポーネントであるWebViewを使ってサイトを表示するアプリを作る必要がありました。Cordova[15]はWebViewとウェブアプリを一緒にバンドルすることで、ネイティブアプリとして配信できるようにするツールです。しかしこの方法では、ブラウザーの機能が異なればコードを書き換えなければいけなかったり、WebView部分もバンドルすることでアプリのサイズが大きくなってしまったりと、多くの問題を抱えていました。

Androidでは"Trusted Web Activity"[16]（以降、TWA）を使うことで、これらの問題を解決しつつPWAをアプリストアで配信できます。TWAはAndroid内にあるChromeを使ってPWAを表示するため、コードの変更が不要でキャッシュなども共用できるメリットがあります。

TWAとして配信できるPWAにはいくつかの制限があります。ひとつは監査ツールであるLighthouseの点数が80点以上であること、もうひとつは"Digital Asset Links"によって有効なウェブサイトとして紐付けられていることです。"Digital Asset Links"の設定はこのあと説明します。

Androidアプリ開発のセットアップ

まずはAndroidアプリを開発するための環境を構築します。Androidアプリの開発には、Android Studio[17]という統合開発環境を使います。公式サイトからAndroid Studioのインストーラーをダウンロードして、開発PCにインストールします。

Android Studioを起動したら、"Start a new Android Studio project"から新しいプロジェクトを作ります。Activityの選択画面になったら、"Add No Activity"を選択して次に進みます。図9.6の画面ではアプリの設定をします。"Name"にはアプリの名前、"Package name"にはパッケージの名前をつけます。パッケージの名前は、PWAを配信しているURLをドットで区切り、逆順で繋げたものを書いておきます。パッケージの名前にはハイフンが使えないため、アンダーバーで代用しておきましょう。

15.https://cordova.apache.org/

16.https://developers.google.com/web/updates/2019/02/using-twa

17.https://developer.android.com/studio/

図9.6: プロジェクトの初期設定

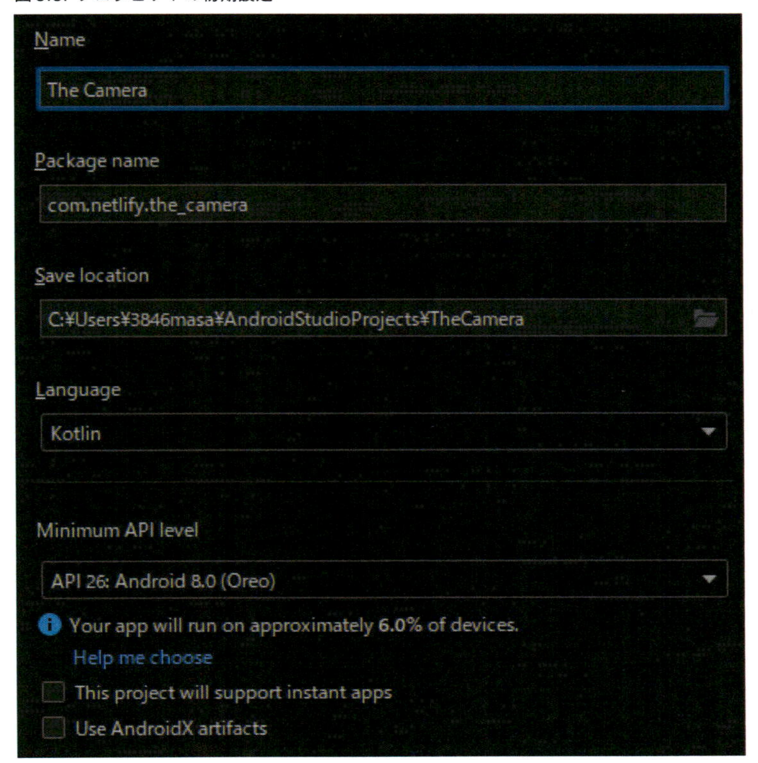

“Language” では開発言語を選べますが、TWAではコードを書かないため何を選んでも良いです。“Minimum API Level” では、Android内部のAPIレベルを選ぶことができます。APIレベルが大きいほど最新のAndroidの機能が使えるようになるため、古い端末では動作しなくなります。しかし、Google Playでは新規アプリに対してAPIレベルの下限が定められていますので[18]、あまり小さくしすぎると配信できなくなります。2019年2月現在ではAPIレベル26以上を要求されますので、このアプリではAPIレベル26を指定しました。

プロジェクトが作成されるとエディター画面が表示されます。エディター画面の左側のパネルは図9.7のようになっているかと思います。フォルダー表示が違う場合は、図9.7の “Android” 部分がプルダウンメニューになっているため、そこから “Android” タブに変更します。

18.https://android-developers.googleblog.com/2019/02/expanding-target-api-level-requirements.html

図9.7: Android Studioのエディター画面左

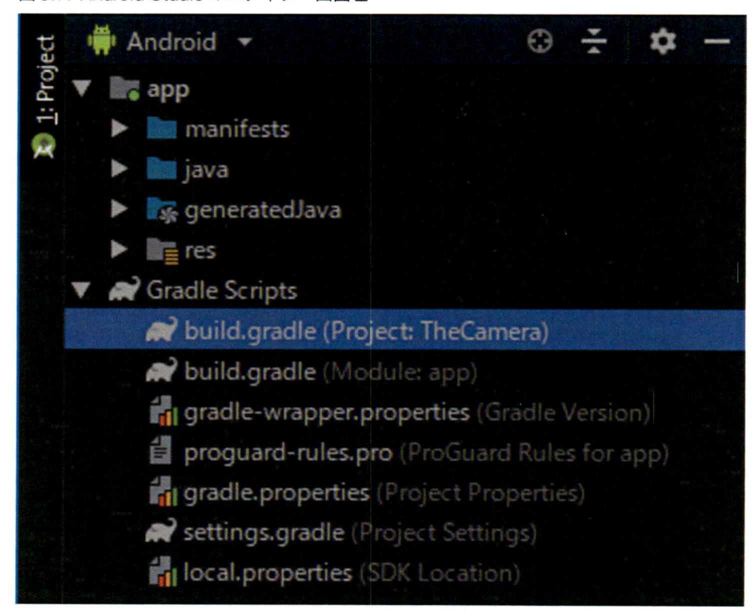

"Gradle Scripts"の中にあるプロジェクト用の`build.gradle`を編集します。TWAに必要なライブラリーをインストールするため、ライブラリーが配信されているパッケージレポジトリーを設定します。今回はGitHub上にあるライブラリーを配信してくれるJitPack[19]を使います。

build.gradle

```
allprojects {
repositories {
    google()
    jcenter()
    maven { url "https://jitpack.io" }
  }
}
```

つづいてモジュール用の`build.gradle`を編集します。TWAではJava 8の機能を使うため、Java 8が有効になるよう設定します。また、`custom-tabs-client`[20]ライブラリーを使うため、`dependencies`に依存パッケージ情報を書きます。2019年2月現在ではコミットハッシュが`3a71a75c9f`のバージョンを使いますが、今後変わる可能性があります。これでTWAを作る準備が整いました。

app/build.gradle

19.https://jitpack.io/
20.https://github.com/GoogleChrome/custom-tabs-client

```
android {
  compileSdkVersion 28
  compileOptions {
    sourceCompatibility JavaVersion.VERSION_1_8
    targetCompatibility JavaVersion.VERSION_1_8
  }
  /* 省略 */
}

dependencies {
  /* 省略 */
  implementation 'com.github.GoogleChrome:custom-tabs-client:3a71a75c9f'
}
```

TWA用のActivityを設定する

つづいてActivityの設定をします。AndroidManifest.xmlにActivityの設定をXMLで記述します。XMLには既に<application>タグが書かれているので、その中に<activity>タグを作ります。Activityの名前は、“android.support.customtabs.trusted.LauncherActivity”を指定します。<meta-data>のDEFAULT_URLとしてPWAのURLを設定します。

<intent-filter>では受け取れるインテントを定義します。ホーム画面に表示して起動できるように、MAINアクションとLAUNCHERカテゴリーを設定します。また、PWAのURLを他のアプリから開こうとしたときにTWAを起動させるため、VIEWアクションとDEFAULT、BROWSABLEカテゴリーを設定します。その<intent-filter>には<data>でサイトのプロトコルとURLを渡します。

app/src/main/AndroidManifest.xml

```
<!-- <application>タグ内に書く -->
<activity android:name="android.support.customtabs.trusted.LauncherActivity">
  <meta-data
    android:name="android.support.customtabs.trusted.DEFAULT_URL"
    android:value="https://the-camera.netlify.com" />

  <intent-filter>
    <action android:name="android.intent.action.MAIN" />
    <category android:name="android.intent.category.LAUNCHER" />
  </intent-filter>
  <intent-filter>
    <action android:name="android.intent.action.VIEW" />

    <category android:name="android.intent.category.DEFAULT" />
```

```
    <category android:name="android.intent.category.BROWSABLE" />

    <data
      android:host="the-camera.netlify.com"
      android:scheme="https" />
  </intent-filter>
</activity>
```

この状態でビルドしてデバイスにインストールしてみましょう。エディター右上にある虫のようなマークをクリックすると、デバッガーと一緒にアプリを起動してくれます。起動するときにInstace Appが使える旨のポップアップが出る場合がありますが、“Proceed without Instant Run”を選択しておけば大丈夫です。

設定がうまくいくとPWAが起動します。しかし、今のままではアプリとサイトが紐付いていないため、安全性の観点からURLバーが表示されたままです。そこで、“Digital Asset Links”を設定して、アプリとサイトを紐付けましょう。

Android側のDigital Asset Links設定

まずはAndroidアプリ側で設定を進めます。`strings.xml`に`asset_statements`という名前でAsset Linkの設定をJSONで記述します。このとき、JSONをXMLエスケープして書く必要がありますが、`CDATA`で囲むことでエスケープをせずに書けます。そして、設定したJSONを`AndroidManifest.xml`から`<data>`で参照します。

app/src/main/res/values/strings.xml

```
<resources>
  <string name="app_name">The Camera</string>
  <string name="asset_statements">
    <![CDATA[
      [{
        "relation": ["delegate_permission/common.handle_all_urls"],
        "target": {
          "namespace": "web",
          "site": "https://the-camera.netlify.com"
        }
      }]
    ]]>
  </string>
</resources>
```

app/src/main/AndroidManifest.xml

```
<!-- <application>タグ内に書く -->
<meta-data
  android:name="asset_statements"
  android:resource="@string/asset_statements" />
```

Android側のコードは以上で終わりです。ここで配信用のアプリファイルを作成しておきます。

配信用のアプリファイルを作る

配信用のアプリファイルを作る前にアプリのアイコンを作りましょう。Android Studioには、アプリ用のアイコン画像を作るためのツールが付属しています。エディター画面の左側パネルにあるappフォルダーを右クリックして、"New"から"Image Asset"を選択します。図9.8のように"Foreground Layer"タブと"Background Layer"タブがあるので、それぞれ設定していきます。

図9.8: Image Assetでアイコン画像を作る

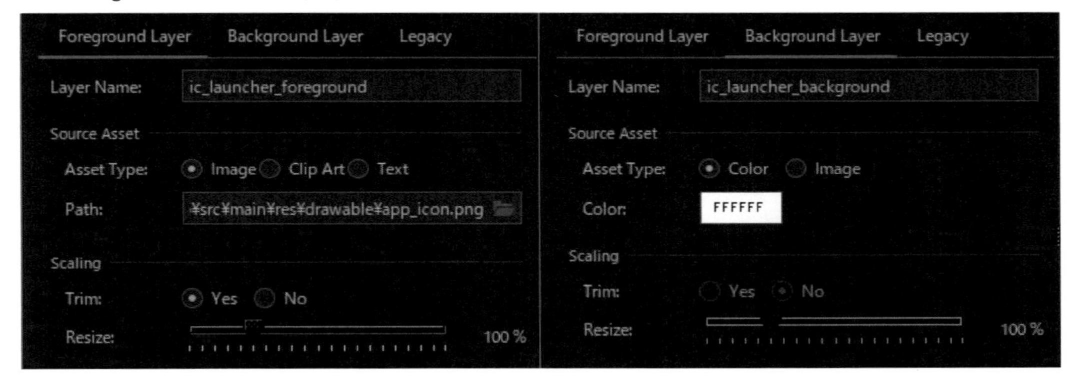

"Foreground Layer"タブにある"Source Asset"の"Path"に、PWAで使ったアイコン画像のファイルパスを指定します。そのあと、"Foreground Layer"タブにある"Scaling"の"Trim"をYesにします。"Background Layer"タブでは、"Source Asset"の"Asset Type"をColorにして、好きな色を選択してください。それ以外の項目はデフォルト値のままで最後まで進めると、アイコン画像が作成されます。

アイコンが完成したら、配信用のアプリファイルを作成します。"Build"メニューから"Generate Signed Bundle or APK"を選択します。"Android App Bundle"か"APK"のどちらかを選ぶように訊かれますが、今回は"Android App Bundle"を選択した場合を説明します。

署名用の鍵を選択する画面が表示されるため、署名用の鍵とパスワードを入力します。このとき、"Export encypted key～"と書かれたチェックボックスは、今回使わないため外しておきます。署名用の鍵を作っていない場合は、"Create new..."から鍵を作成して使います。次のページでは、"Build Variants"にreleaseを選択してビルドを開始します。ビルドに成功すると、app/releaseフォルダーにapp.aabが作成されます。

アプリの配信をする

Digital Asset Linksのウェブアプリ側の設定には、アプリ署名鍵のハッシュ値が必要になります。今回はGoogle Play側で自動的にアプリを署名する“Google Play アプリ署名”を使います。“Google Play アプリ署名”を使うときは、配信用アプリを登録しないとアプリ署名鍵のハッシュ値が取得できません。そのため、ウェブアプリ側の設定をするまえに、あらかじめGoogle Playでアプリの登録をしておきます。

Google Play Console[21]では、アプリの配信やストア表示の設定などが行えます。このツールを使うためには、Google Playデベロッパーアカウントを作る必要があり、アカウント作成には25米ドルがかかります。もちろんGoogle Playにアプリを並べるためにも、Google Playデベロッパーアカウントは必要ですので作りましょう。

Consoleを使ったアプリの配信設定については本書では解説しません。詳しくはGoogleのヘルプページ[22]を参照してください。1点だけ注意することは、「アプリのリリース」の設定するときに「Googleでアプリ署名鍵の管理、保護を行う」を選択することです。これを選択しておくとGoogle側でアプリの署名を行ってくれるため、万が一署名鍵を紛失した場合でも復旧することができます。「追加するAndroid App BundleとAPK」には先程作ったアプリデータを送信してください。

アプリファイルをアップロードして保存すると、Google上にアプリ署名鍵が生成されます。左側メニューの「アプリの署名」を開くと、図9.9のようにアプリ署名鍵のSHA-256が表示されるので、値をコピーしておきます。

図9.9: アプリ署名鍵のハッシュ値

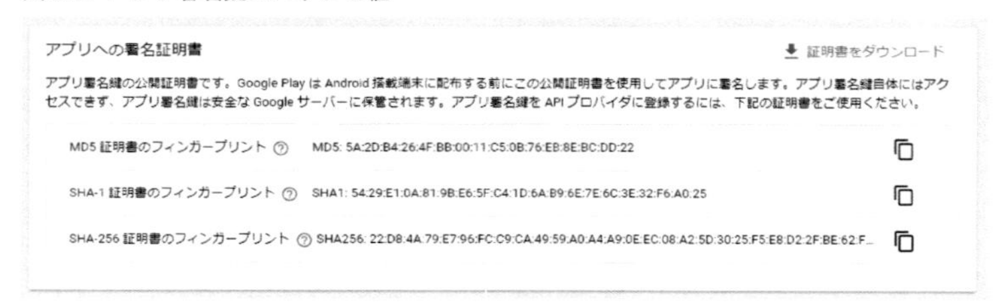

PWA側のDigital Asset Links設定

さいごにPWA側のDigital Asset Linksを設定します。Digital Asset Links用のJSONファイルは、“Statement List Generator and Tester”[23]を使って生成できます。図9.10のように、PWAのURL、アプリのパッケージ名、アプリ署名鍵のSHA-256を設定して、JSONを生成します。

21.https://play.google.com/apps/publish/

22.https://support.google.com/googleplay/android-developer/answer/113469

23.https://developers.google.com/digital-asset-links/tools/generator

図9.10: Digital Asset Links用のJSONを作成する

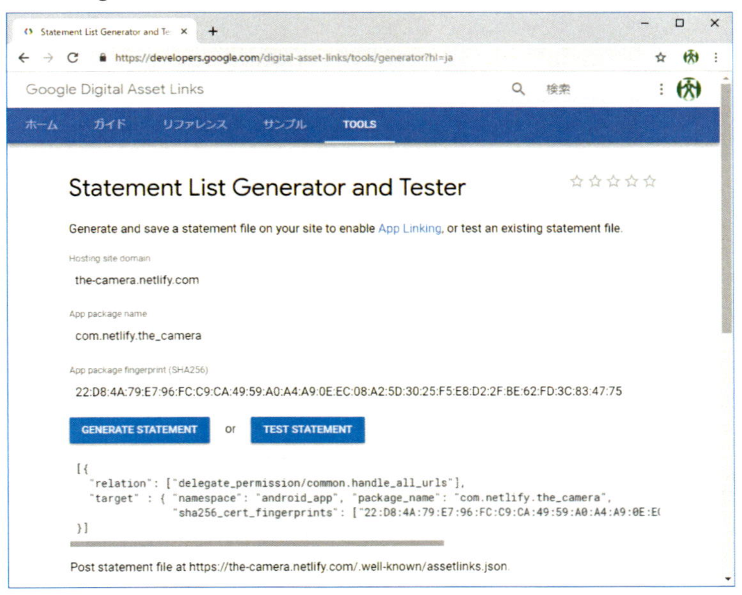

生成したJSONは、`/.well-known/assetlinks.json`に配置します。Netlifyでビルドするときに、`public`フォルダーに入れたものがルートに展開されるようにしたので、このJSONも`public`フォルダーに入れます。

public/.well-known/assetlinks.json

```
[
  {
    "relation": ["delegate_permission/common.handle_all_urls"],
    "target": {
      "namespace": "android_app",
      "package_name": "com.netlify.the_camera",
      "sha256_cert_fingerprints": [
        "PUT_YOUR_CERT_SHA256"
      ]
    }
  }
]
```

これですべての設定が終わりました！アプリの審査が通れば、ついにGoogle Play上から作ったPWAを配信できます。

付録A　ES Modulesで開発しよう

近年のモダンブラウザーでは、ES Modulesという仕組みによってバンドラー無しでライブラリーの解決ができるようになりました。本書ではwebpackを使ったウェブアプリ開発を解説しましたが、付録では作ったウェブアプリをES Modulesで書くとどうなるのかを紹介します。ブラウザーによる本当のES Modulesを体感してください。

ES Modulesに書き換える上で問題となるのが、webpackがこなしていたJavaScript以外のファイルの解決です。例えば、CSSやシェーダーは読み込めませんし、JSXはJavaScriptとして実行できません。今回は極力コードを変えずに同じような開発体験を目指したいと思います。

本書のコードでは、WebWorker上でもES Modulesを使っています。この手順で置き換えても、WebWorker上でES Modulesが使えないブラウザーでは動きません。2019年2月現在、WebWorkerでのES Modules対応がされているブラウザーはChromeのみです。実際に試す際には、WebWorker上でES Modulesが使えるブラウザーを用意してください。

A.1　ビルド設定を整理する

まずはビルド用のツールをすべてアンインストールします。`.babelrc`や`.postcssrc`、`webpack.config.js`も削除します。また、開発用の`~/development`と`react-hot-loader`も消しておきます。`package.json`の`devDependencies`には、フォーマッターのみが入っている状態になります。

package.json

```
{
  "devDependencies": {
    "husky": "^1.3.1",
    "lint-staged": "^8.1.3",
    "prettier": "^1.16.4",
    "stylelint": "^9.10.1",
    "stylelint-config-prettier": "^4.0.0",
    "stylelint-config-recess-order": "^2.0.1",
    "stylelint-prettier": "^1.0.6"
  }
}
```

ES Modulesを使えばそのままのコードで動くようにできますが、唯一Rustのビルド処理だけは必要になります。`wasm-pack`を使ったビルドコマンドを`package.json`に書いておきましょう。また、開発用のサーバーを建てるコマンドも一緒に`package.json`へ追記します。

package.json

```
{
  "scripts": {
    "start": "npx http-server -p 8080 -c 1 src",
    "wasm-pack": "wasm-pack build src/wasm --target no-modules --release"
  }
}
```

A.2 コードを整理する

ファイルのimportを書き換える

まずは~/から始まるパスを、サイトのルートから参照するように置き換えます。例えば、~/polyfillsは/polyfills.jsになります。ブラウザーからは、拡張子の解決はしてくれないため、.jsを書き忘れないようにします。また、~/filtersはindex.jsが解決されていたため、/filters/index.jsに書き換えます。

```
/**
 * ホスト名が https://hosted.example.com/ ならば、
 * https://hosted.example.com/polyfills.js になる
 */
import '/polyfills.js';
```

また、file-loaderで読み込んでいたファイルパスをそのまま文字列で与えるようにします。

src/components/camera/CameraPage.js

```
const SHUTTER_EFFECT_PATH = '/assets/shutter-effect.mp3';
```

src/filters/tfjs/stylize.js

```
const STYLE_IMAGE_PATH = '/assets/gorge-improvisation.jpg';
```

ライブラリーのimportを書き換える

つづいてライブラリーを置き換えます。JavaScriptのライブラリーを配信しているCDNサービスは色々ありますが、今回はUNPKG[1]とjspm.io[2]を使います。例えば、classcatをUNPKGから読み込む場合は、次のように書けます。このように、ライブラリー名だけで指定していたimportパスをCDNのURLにすべて置き換えていきます。

1.https://unpkg.com/

2.https://jspm.io/

```
import cc from 'https://unpkg.com/classcat@^3.2.5?module';
```

ES Modulesが提供されていて、依存ライブラリーがないようなライブラリーは、UNPKGのmoduleオプションで読み込みます。UNPKGでのライブラリーURLは、"https://unpkg.com/<library>@<version>?module"のように指定します。このカメラアプリの使っているライブラリーの中で、UNPKGから読み込めるライブラリーは次のとおりです。

```
https://unpkg.com/@ungap/event-target@^0.1.0?module
https://unpkg.com/classcat@^3.2.5?module
https://unpkg.com/comlinkjs@^3.2.0?module
https://unpkg.com/motion-sensors-polyfill@^0.3.1?module
```

jspm.ioは、require()を使ったNode.jsライブラリーをES Modulesに変換して配信します。このとき、モジュールはすべてdefaultに出力されるように変換されます。あくまで開発用のCDNとして提供されているため、実務で使うのは避けたほうがよいでしょう。jspm.ioでのライブラリーURLは、"https://dev.jspm.io/<library>@<version>"のように指定します。このカメラアプリの使っているライブラリーの中で、jspm.ioから読み込めるライブラリーは次のとおりです。

```
https://dev.jspm.io/dayjs@1
https://dev.jspm.io/file-saver@2
https://dev.jspm.io/gl-util@3
https://dev.jspm.io/jsqr@1
https://dev.jspm.io/piexifjs@1
https://dev.jspm.io/react@16
https://dev.jspm.io/react-dom@16
```

一方、jspm.ioのdefaultに出力される仕様によって、そのままではimportできないライブラリーも存在します。そういった場合は、一度importしたあとに必要なものを個別でexportするコードを書いて対応します。

src/libraries/@magenta/image/index.js

```
import mi from 'https://dev.jspm.io/@magenta/image@0.2';
export const ArbitraryStyleTransferNetwork = mi.ArbitraryStyleTransferNetwork;
```

src/filters/tfjs/stylize.js

```
import * as mi from '/libraries/@magenta/image/index.js';
```

このような方法で読み込めるライブラリーは次のとおりです。とくにfree-solid-svg-iconsでは使っているオブジェクトが多く、exportを書く量が多くなってしまいますが、根気よくやっていきましょう。

```
https://dev.jspm.io/@fortawesome/free-solid-svg-icons@5
https://dev.jspm.io/@fortawesome/react-fontawesome@0.1
https://dev.jspm.io/@magenta/image@0.2
https://dev.jspm.io/clipboard-polyfill@2
```

WebAssemblyの読み込みを書き換える

webpackではWebAssemblyをES Modulesとして読み込めましたが、残念ながらブラウザーでは読み込めません。そのため、wasm-packでビルドするときにターゲットをno-modulesに指定しました。no-modulesにすると、WebAssembly関連のメソッドがすべてself.wasm_bindgenに出力されます。実際にコードを書き換えると次のようになります。webpackで書いたときと大きく違う点は、self.wasm_bindgen()で読み込むWebAssemblyファイルを明示的に指定する点です。

src/workers/gif.js

```
import '/wasm/pkg/wasm.js';

const exposed = {
  GifEncoder: null,
  async initialize() {
    await self.wasm_bindgen('/wasm/pkg/wasm_bg.wasm');
    self.wasm_bindgen.initialize();
    exposed.GifEncoder = self.wasm_bindgen.GifEncoder;
  },
};
```

Service Workerを書き換える

Service Workerのファイルは生成されないため、自分で書く必要があります。Worker内で外部ファイルを読み込むにはimportScripts()を使います。webpackの設定で書いていた内容を実際のコードに書き換えると次のようになります。

src/service-worker.js

```
importScripts(
  'https://storage.googleapis.com/workbox-cdn/releases/4.0.0/workbox-sw.js',
);

workbox.core.setCacheNameDetails({ prefix: 'the-camera' });
workbox.routing.registerRoute(
  /./,
  new workbox.strategies.StaleWhileRevalidate(),
```

```
);
```

A.3 テンプレートリテラルを活用する

シェーダーを埋め込む

シェーダーはテキストデータとして扱っていたため、そのままテンプレートリテラルで囲んでJavaScriptで扱える文字列にします。例えば`default.vert`は、`default.vert.js`に改名して、シェーダー部分をテンプレートリテラルで囲います。JavaScript文字列となったシェーダーは`default`で`export`します。もちろん他のファイルで`import`しているパスも改名後のパスに書き換えておきます。同様にすべてのシェーダーファイルをJavaScriptファイルに変換しておきます。

src/filters/webgl/default.vert.js

```
export default `
precision mediump float;

attribute vec2 a_texCoord;
varying vec2 v_texCoord;

void main() {
  v_texCoord = a_texCoord;
  gl_Position = vec4((a_texCoord * 2.0 - 1.0) * vec2(1, -1), 0, 1);
}
`;
```

htmでJSXを書く

JSXは正しいJavaScript構文ではないため、今のままでは実行できません。そこでJSXのような書き方を保ちつつ、JavaScriptとして実行できるように書けるライブラリー`htm`[3]を使います。`htm`は`React.createElement`のような"hyperscript"関数をラップして、テンプレートリテラルでJSXを書けるようにします。まずは、ラップした関数を`html``として`export`するファイルを作ります。

src/libraries/htm/index.js

```
import React from 'https://dev.jspm.io/react@16';
import htm from 'https://unpkg.com/htm@^2.1.1?module';

const html = htm.bind(React.createElement);
export default html;
```

3.https://github.com/developit/htm

つづいて、html``でJSXを書いていきます。通常のHTMLはそのまま文字列で書きます。変数を展開するときもテンプレートリテラルの記法で${variable}のように書きます。また、スプレッド構文でプロパティーを展開していた部分は、<tag ...${rest} />のようにして展開できます。

試しに<CameraPage>のrender()を書き換えてみましょう。Reactコンポーネントは<${Component}>のように書いて、閉じタグは<//>とします。すべてのファイルで書き換えるのはなかなか大変ですが、正規表現などを活用して置き換えていくと良いでしょう。

src/components/camera/CameraPage.js

```
import React from 'https://dev.jspm.io/react@16';
import html from '/libraries/htm/index.js';

class CameraPage extends React.Component {
  render() {
    const { stream, facingMode, zoom, zoomRange, barcodeResult } = this.state;

    return html`
      <${Layout}>
        <${CameraView} srcObject=${stream} facingMode=${facingMode} />
        <${CameraController}
          zoom=${zoom}
          zoomRange=${zoomRange}
          onChangeZoom=${this.onChangeZoom}
          onClickShutter=${this.onClickShutter}
          onChangeToGifPage=${this.onChangeToGifPage}
          onToggleFacingMode=${this.onToggleFacingMode}
          disabledToggleFacingMode=${!this.canToggleFacingMode}
        />
        <audio
          preload="auto"
          src=${SHUTTER_EFFECT_PATH}
          ref=${this.shutterEffectRef}
        />
        <${BarcodeResultPopup}
          text=${barcodeResult}
          onClose=${this.onClosePopup}
        />
      <//>
    `;
  }
}
```

emotionでCSSを書く

webpackを使った開発ではCSS Modulesを使っていたため、ES Modulesのみで開発するにはCSSもJavaScriptに変換する必要があります。CSSをJavaScript内に書くCSS in JSライブラリーは色々な種類がありますが、そのなかでも人気の高い`emotion`[4]を使います。

まずは`emotion`をjspm.ioから読み込むためのスクリプトを作ります。`emotion`では、`css``を使ってテンプレートリテラルでCSSを記述すると、そのスタイルに対応したクラス名を出力します。`injectGlobal`はグローバルCSSを作るときに使います。

src/libraries/emotion/index.js

```
import emotion from 'https://dev.jspm.io/emotion@10';

export const css = emotion.css;
export const injectGlobal = emotion.injectGlobal;
```

実際にどう書き換えるか`<CameraController>`のスタイルで試してみましょう。拡張子は`.css.js`に書き換えて、JavaScriptとして読めるようにします。クラス名をオブジェクトのプロパティー名にして、値を`css``で作ります。プロパティー名にするとき、呼び出し側で使っている名前に揃えるために、ケバブケースをキャメルケースに変えます。同様にすべてのCSSファイルを変換していきます。

src/components/camera/CameraController.css.js

```
import { css } from '/libraries/emotion/index.js';

export default {
  shutterIcon: css`
    width: 100%;
    background-color: black;
    border: white solid 3px;
    border-radius: 50%;
    opacity: 0.75;

    &:active {
      background-color: gray;
    }

    &::before {
      display: block;
      padding-top: 100%;
      content: '';
```

4.https://emotion.sh/

```
    }
  `,

  zoomSlider: css`
    grid-column: middle-left / middle-right;
  `,
};
```

global.cssはinjectGlobalを使って書き換えます。このとき、:global疑似セレクターは外しておきます。

src/global.css.js

```
import { injectGlobal } from '/libraries/emotion/index.js';

injectGlobal`
* {
  box-sizing: border-box;
  padding: 0;
  margin: 0;
}

html, body {
  color: white;
  background-color: black;
}
`;
```

A.4 <script>タグを書く

src/index.htmlに<script>タグをいれます。type="module"をつけると、ES Modulesと認識して実行してくれます。

src/index.html

```
<!DOCTYPE html>
<html lang="ja">

<head>
  <meta charset="UTF-8">
  <meta name="viewport" content="width=device-width, initial-scale=1.0">
  <title>The Camera</title>
</head>
```

```
<body>
  <div id="app"></div>
  <script type="module" src="index.js"></script>
</body>

</html>
```

これでようやく動くようになりました！実際にブラウザーで動かしてみましょう。ファイルを大量に読み込むため、初回の起動が遅いかもしれませんが、ほぼ問題なく動くかと思います。

```
$ yarn wasm-pack && yarn start
```

あとがき

「カメラアプリで体感するWebApp」楽しんでいただけたでしょうか。ここ数年でブラウザーができることが増え、機能を実際に試したくても、その機能の知見が溜まっていないことも多々あります。今回の本を執筆するうえで、「**広く浅く**」を意識して技術を盛り込みました。

本書で取り上げた技術のなかには、意外と前から使えていたものも多くあります。例えば、WebGL 1.0が主要ブラウザーに導入されたのは2011年のことでした。WebWorkerも2011年にはどの主要ブラウザーでも使えるようになっています。しかし、どちらの技術も必要とする場面が限られていて、触れる機会がないひともいるでしょう。どうしてもWebフロントエンド開発は、フレームワークの知識に偏りがちだと感じています。

Webフロントエンド開発で大切なことは、「**技術を知る**」ことだと私は思っています。「今のブラウザーでは何ができるのか」を実際に試して体感することで、より素晴らしい体験をユーザーに提供できるはずです。みなさんにとって、本書が「**広く浅く**」「**技術を知る**」良いきっかけとなることを願っています。

著者紹介

宮代 理弘（みやしろ まさひろ）

Webフロントエンドデベロッパー。「ひとは本質に注力し、すべきことのみするべき」を信念にプロダクトをつくっている。学生クリエイターとしてクマ財団1期生に選抜され、KUMA EXHIBITION 2018では、文章を縦書きで読むためのウェブアプリ『タテ読ミ』を展示した。また、技術系同人サークル『O'CREILLY』では主宰を務め、コミックマーケットや技術書典などで出展している。
Webサイト：https://3846masa.dev
Twitter / GitHub：@3846masa

◎本書スタッフ
アートディレクター/装丁：岡田章志＋GY
編集協力：飯嶋玲子
デジタル編集：栗原 翔

〈表紙イラスト〉
湊川 あい（みなとがわ あい）
フリーランスのWebデザイナー・漫画家・イラストレーター。マンガと図解で、技術をわかりやすく伝えることが好き。著書『わかばちゃんと学ぶ Webサイト制作の基本』『わかばちゃんと学ぶ Git使い方入門』『わかばちゃんと学ぶ Googleアナリティクス』が全国の書店にて発売中のほか、動画学習サービスSchooにてGit入門授業の講師も担当。マンガでわかるGit・マンガでわかるDocker・マンガでわかるUnityといった分野横断的なコンテンツを展開している。
Webサイト：マンガでわかるWebデザイン http://webdesign-manga.com/
Twitter：@llminatoll

技術の泉シリーズ・刊行によせて
技術者の知見のアウトプットである技術同人誌は、急速に認知度を高めています。インプレスR&Dは国内最大級の即売会「技術書典」（https://techbookfest.org/）で頒布された技術同人誌を底本とした商業書籍を2016年より刊行し、これらを中心とした『技術書典シリーズ』を展開してきました。2019年4月、より幅広い技術同人誌を対象とし、最新の知見を発信するために『技術の泉シリーズ』へリニューアルしました。今後は「技術書典」をはじめとした各種即売会や、勉強会・LT会などで頒布された技術同人誌を底本とした商業書籍を刊行し、技術同人誌の普及と発展に貢献することを目指します。エンジニアの"知の結晶"である技術同人誌の世界に、より多くの方が触れていただくきっかけになれば幸いです。

株式会社インプレスR&D
技術の泉シリーズ　編集長　山城 敬

●落丁・乱丁本はお手数ですが、インプレスカスタマーセンターまでお送りください。送料弊社負担に てお取り替えさせていただきます。但し、古書店で購入されたものについてはお取り替えできません。
■読者の窓口
インプレスカスタマーセンター
〒 101-0051
東京都千代田区神田神保町一丁目 105番地
TEL 03-6837-5016／FAX 03-6837-5023
info@impress.co.jp
■書店／販売店のご注文窓口
株式会社インプレス受注センター
TEL 048-449-8040／FAX 048-449-8041

技術の泉シリーズ

カメラアプリで体感するWebApp

2019年6月14日　初版発行Ver.1.0（PDF版）

著　者　宮代 理弘
編集人　山城 敬
発行人　井芹 昌信
発　行　株式会社インプレスR&D
〒101-0051
東京都千代田区神田神保町一丁目105番地
https://nextpublishing.jp/
発　売　株式会社インプレス
〒101-0051　東京都千代田区神田神保町一丁目105番地

印刷・製本　京葉流通倉庫株式会社
Printed in Japan

ISBN978-4-8443-9895-0

NextPublishing®
●本書はNextPublishingメソッドによって発行されています。
NextPublishingメソッドは株式会社インプレスR&Dが開発した、電子書籍と印刷書籍を同時発行できるデジタルファースト型の新出版方式です。 https://nextpublishing.jp/